———

트래블로그Travellog로 로그인하라!
여행은 일상화 되어 다양한 이유로 여행을 합니다.
여행은 인터넷에 로그인하면 자료가 나오는 시대로 변화했습니다.
새로운 여행지를 발굴하고 편안하고
즐거운 여행을 만들어줄 가이드북을 소개합니다.

일상에서 조금 비켜나 나를 발견할 수 있는 여행은
오감을 통해 여행기록TRAVEL LOG으로 남을 것입니다.

———

LANGBIANG

달랏 사계절

대한민국이 40도까지 치솟는 폭염에도 한겨울의 추위 속에 덜덜 떨고 있을 때도 더위를 날릴 여행지로 한파를 피해 갈 새로운 베트남의 뜨는 여행지로 훌쩍 떠나보는 것은 어떨까? 나트랑(3~4시간)과 무이네(5~6시간)와 가까운 위치의 남부 도시 달랏Đà Lạt은 식민시절 프랑스의 휴양지로 개발되어 현재 매력적인 여행지로 각광받고 있다. 베트남의 유럽, 안개 도시, 소나무의 도시, 벚꽃의 도시, 작은 파리 등 여러 가지 이름으로 불리는 달랏Đà Lạt은 전통과 현재가 공존하는 도시이다.

6월부터 시작되는 대한민국은 초여름의 날씨가 이어지고 있어도 한국과 멀리 떨어진 베트남은 찜통더위이지만, 1년 내내 쾌적하고 선선한 날씨를 보여 여름 휴가지로 최적인 도시는 바로 달랏Đà Lạt이다. 한 겨울에 한파로 추위에 덜덜 떠는 대한민국에서 선선한 베트남의 유럽, 파리를 경험하고 싶다면 1년 내내 한국의 봄, 가을 날씨와 비슷한 달랏Đà Lạt으로 가야 한다.

1~4월까지는 건기이고, 8~10월까지는 우기이기 때문에 달랏Dalat을 방문하기에 가장 좋은 시기는 대한민국의 겨울이 시작되는 11월에서 다음해 4월까지이다. 베트남 사람들의 신혼 여행지인 달랏Dalat은 우기를 피해 1~4월에 가장 여행을 많이 온다.

준비물

달랏(Dalat)의 날씨가 선선할지라도 햇빛의 자외선차단제는 꼭 챙겨야 한다. 또한 낮에는 햇빛으로 덥지 만 저녁이 되면 쌀쌀할 수 있으므로 긴 옷은 꼭 챙겨야 한다. 달랏(Dalat) 시민들은 경량패딩을 대부분 입고 다닌다.

Intro

베트남에 가면 대한민국의 70~80년대 같다는 이야기를 많이 한다. 하노이나 호치민시 곳곳에는 매일같이 변화의 바람을 따라 건물이 세워지고 사람들은 열심히 일을 하고 있다. 그래서 대한민국 여행자들은 거리를 다니다 이런 생각을 하곤 한다. 다만 자전거 대신 오토바이가 가득하고, 더운 나라라는 것만 다를 뿐이다. 베트남은 엄청난 경제성장을 이루면서 도시는 개발과 발전을 위해 끝없이 돌아가던 대한민국과 비슷하다.

대한민국이 성장의 역사를 끝내고 힘들어하는 지금, 자칫 나이가 들어 그때의 기억이 신기루라고 느껴질지 모르겠지만 대한민국에서 베트남으로 성공을 찾아 수많은 기업과 사람들이 베트남을 향해 달려가고 있다. 그런데 달랏Dalat은 다른 베트남의 도시들과 다르다. 프랑스의 통치 시절에 휴양도시로 만들어진 후 베트남 전쟁 때도 전쟁의 상흔이 없는 유일한 도시였다. 하지만 높은 고지에 있는 달랏Dalat은 다가서기 힘들다.

달랏Dalat이 지금까지 외면을 받은 주 이유는 접근성이 열악하기 때문이다. 달랏Dalat이 속한 람동성의 유일한 공항인 리엔크엉 공항에는 활주로가 단 1개뿐이다. 고속도로도 달랏Dalat 까지 이어지기에는 높은 고지가 문제였다. 하지만 이런 단점이 지금 숨은 진주, 달랏Dalat을 관광객이 찾아가는 이유이다.

그리고 성장을 거듭하면서 새로운 관광지를 만들려는 베트남 정부가 2020년까지 달랏을 중앙 정부 직할시로 승격하여 달랏Dalat 개발을 시작했다. 달랏Dalat은 경제 개발도시가 아닌 휴양도시이자 관광도시로의 변신을 꾀하고 있다.

2019년, 달랏Dalat으로 직항이 개설되면서 대한민국의 여행자들은 새로운 베트남의 도시인 달랏으로 여행을 시작했다. 그리고 트래블로그 달랏은 대한민국 여행자를 위한 달랏Dalat의 여행정보를 충실하게 찾아 만들어졌다.

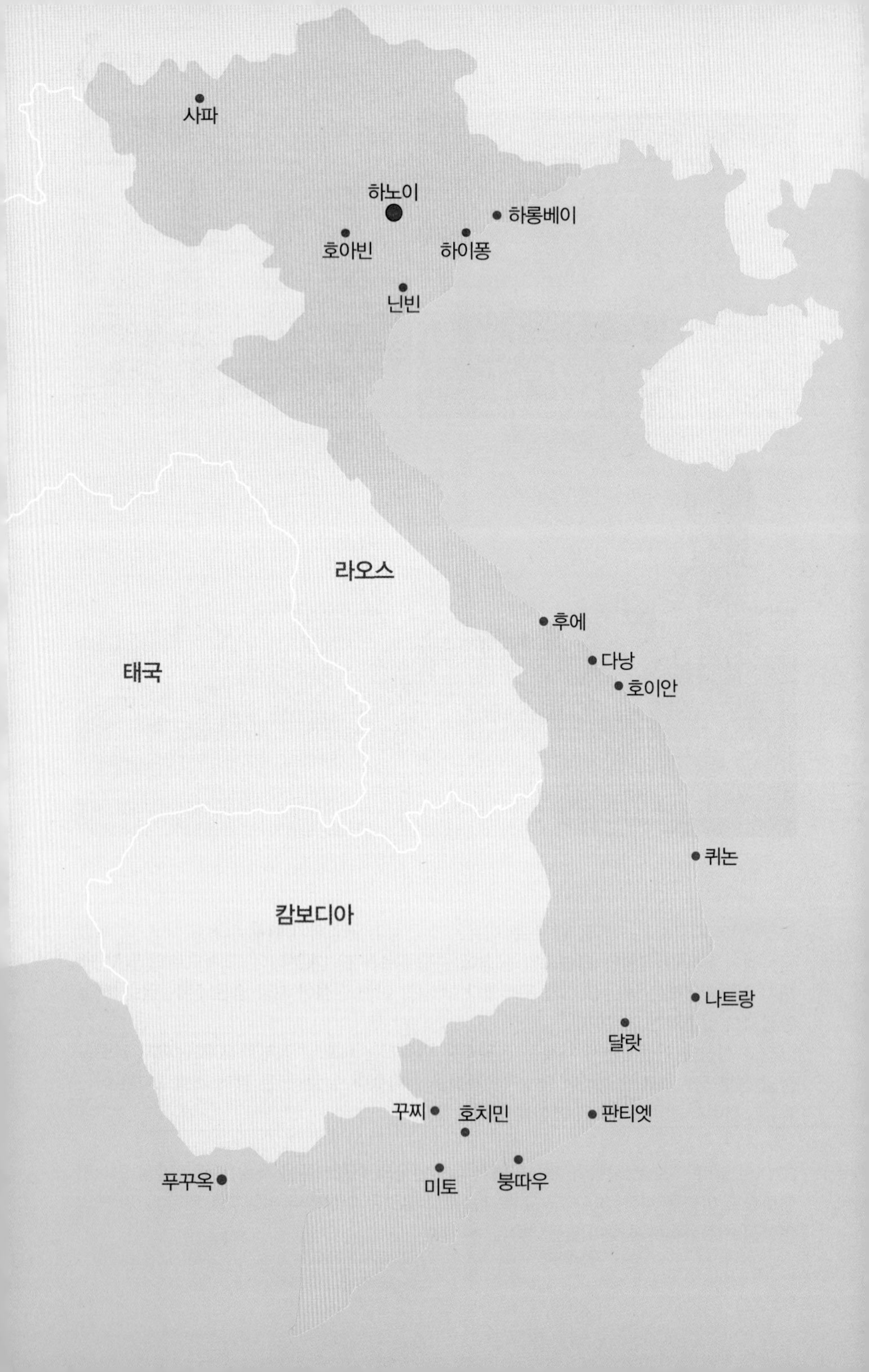

사파

하노이

하롱베이

호아빈

하이퐁

닌빈

라오스

후에

다낭

호이안

태국

퀴논

캄보디아

나트랑

달랏

꾸찌

호치민

판티엣

푸꾸옥

미토

붕따우

한눈에 보는 베트남

북쪽으로는 중국, 서쪽으로는 라오스, 캄보디아와 국경을 맞대고 있다. 베트남 남쪽에는 메콩 강이 흘러내려와 태평양으로 빠져나간다.

- ▶ **국명** | 베트남 사회주의 공화국
- ▶ **인구** | 약 8,700만 명
- ▶ **면적** | 약 33만㎢(한반도의 약1.5배)
- ▶ **수도** | 하노이
- ▶ **종교** | 불교, 천주교, 까오다이교
- ▶ **화폐** | 동(D)
- ▶ **언어** | 베트남어

빨간 바탕에 금색 별이 그려져 있다고 해서 금성홍기라고 한다. 빨강은 혁명의 피와 조국의 정신을 나타낸다. 별의 다섯 개 모서리는 각각 노동자, 농민, 지식인, 군인, 젊은이를 상징한다.

베트남인

대부분 우리나라 사람들과 비슷하게 생겼다. 하지만 베트남은 55개 민족이 모여 사는 다민족 사회이기 때문에 사람들마다 피부색이나 체격이 조금씩 차이가 난다.

베트남은 영어 알파벳 'S'를 닮았다. 폭은 좁고 남북으로 길게 쭉 뻗어 있다. 베트남인들은 대부분 북부와 남부, 두 지역에 모여 살고 있다. 북쪽에는 홍 강, 남쪽에는 메콩 강이 있고, 두 강이 만든 넓은 평야가 펼쳐져 있다. 중간에는 안남 산맥이 남북으로 길게 뻗어 있다.

Contents

〉〉달랏 여행에 꼭 필요한 Info

〉〉 달랏 한 달 살기   98

떠나기 전에 자신에게 물어보자!
세부적으로 확인할 사항
한 달 살기는 삶의 미니멀리즘이다.
달랏(Đà Lạt)에서 한 달 살기 장점 / 단점
베트남 달랏 한 달 살기 비용
경험의 시대, 한 달 살기
베트남 친구 사귀기

>> 달랏

About 베트남

외적의 침략을 꿋꿋이 이겨 낸 나라 베트남

20세기에 프랑스와 미국 같은 강대 국들과 맞서 끝내 승리를 거둔 베트 남은 그 이전에도 중국 등 여러 나 라의 침략과 간섭에 시달렸고, 때로 는 수백 년 동안 지배를 받기도 했 다. 그렇지만 그들은 똘똘 뭉쳐 중국 의 지배에서 벗어났고, 19세기까지 독립을 지켜냈다. 그래서 베트남 인 들은 자기 나라 역사를 매우 자랑스 러워한다.

외세에 굴복하지 않은 저항의 역사

베트남의 역사는 기원전 200년경 지금의 베트남 북동부 지역에 남월이라는 나라가 세워지면서 시작되었다. 그러나 기원전 100~1,100년 동안 중국의 지배를 받았다.
10세기 경 독립 전쟁을 일으켜 중국의 지배에서 벗어난 뒤, 900여 년 동안 중국의 거듭된 침략을 물리치고 발전했다. 19세기 말에 프랑스의 식민지가 된 뒤, 베트남 인들은 호치민을 중심으로 단합하여 미국마저 몰아내고 1974년에 마침내 하나의 베트남을 만들었다.
전쟁으로 모든 것이 파괴되어 버린 베트남은 한동안 차근차근 경제를 발전시켰다. 지금은 동남아시아에서 가장 빠르게 성장하고 있는 나라로 손꼽히고 있다.

설을 쇠는 베트남

음력 정월 초하루에 쇠는 설이 베트남의 가장 큰 명절이다. 이날 베트남의 가정에서는 크리스마스 트리와 같이 나무에 흙이나 종이로 만든 잉어나 말, 여러 가지 물건을 달아 장식한다. 그리고 일가친척이나 선생님, 이웃들을 방문해 서로 덕담을 나누고 복을 기원하며 어린이들에게는 세뱃돈을 준다. 설날의 첫 방문자는 그해의 행운을 가져다준다고 믿어서 높은 관리나 돈 많은 사람을 초대하기도 하는데, 첫 방문자는 조상신을 모신 제례 상에 향불을 피우고 덕담을 한다.

무한한 가능성을 지닌 젊은 나라

베트남 개방이후 '새롭게 바꾼다'라는 뜻의 '도이머이 정책'을 펼치면서 외국 기업을 받아들이고 투자도 받았다. 앞선 기술을 배우려고 애쓰면서 끈기와 부지런함으로 경제 발전을 이루고 있다.

베트남은 사회주의 국가이기는 하지만 오늘날 해외의 자본과 기술을 받아들이고 경제 발전을 위해 노력하고 있다. 1986년부터 베트남식 경제 개혁 정책인 '도이머이'정책을 펴서 이웃 나라들과 활발히 교류하고 있고 2006년에 세계 무역 기구(WTO)에도 가입했다.

사회활동이 활발한 베트남 여성들

베트남 여성들은 생활력이 강하고, 사회 활동이 활발한 편이다. 그 이유는 베트남이 오랜 전쟁을 겪는 동안 전쟁터에 나간 남성들 대신에 여성들이 가정을 꾸리고 자녀들을 교육시키는 등 집안의 모든 일을 맡아서 했기 때문이다. 베트남에서는 정부나 단체 등의 높은 자리에 여성들이 많이 진출해 있다. 대표적으로는 1992년에 국가 부주석을 지내고 1997년에 재당선된 구엔 티 빈 여사가 있다. 또한 베트남은 국회에서 여성 의원이 차지하는 비율이 20%가 넘는다.

베트남에는 '베트남 여성 동맹'이라는 여성 단체가 있는데, 이 단체는 여성의 권리와 이익을 보호하는 데 앞장서는 단체이다. 또한 여성을 돕기 위한 기금을 조성해, 사업을 하려는 여성들에게 돈을 빌려 주고 있다. 이렇게 베트남 여성들은 여러 분야에서 활발히 활동하고 있고 점점 더 활동 폭을 넓혀가고 있다.

베트남 여인의 상징, 아오자이

'긴 옷'이라는 뜻을 갖고 있는 아오자이는 베트남 여성들이 각종 행사 때나 교복, 제복으로 많이 입는 의상이다. 긴 윗도리와 품이 넉넉한 바지로 이루어진 아오자이는 중국의 전통 의상을 베트남 식으로 바꾼 것이다. 아오자이를 단정하게 차려입은 베트남 여성의 모습은 무척 아름답다.

About 달랏

럼비엔(Lâm Viên) 고원에 자리한 달랏(Đà Lạt)

베트남의 람동 성Lâm Đồng의 성도로 럼비엔Lâm Viên 고원에 자리한 달랏Đà Lạt은 해발 1,500m 고도에 넓이는 393.292㎢이며 인구는 21만 명이다. 나트랑Nha Trang에서 버스로 4시간 30분 ~6시간 정도 소요된다.

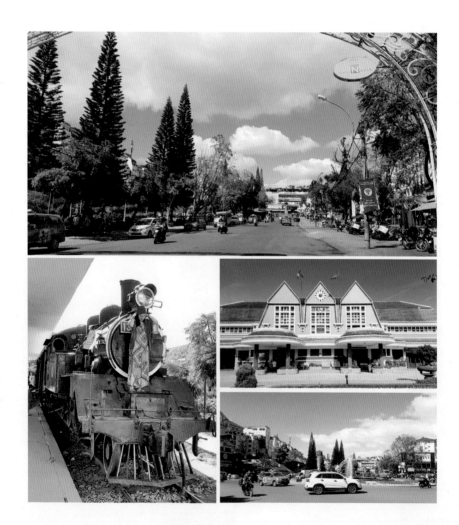

고도에 핀 시원한 휴양지

프랑스 식민지 정부가 달랏^{Đà Lạt}이라는 이름을 정식으로 지었는데 라틴어로 "어떤 이에게는 즐거움을, 어떤 이에게는 신선함을^{Dat Aliis Laetitiam Aliis Temperiem}"에서 가지고 왔다고 한다. 베트남에서 달랏^{Đà Lạt}은 특히 유럽 관광객에게 인기 있는 관광지로 알려져 있다. 달랏^{Đà Lạt}의 특징적인 풍경은 우거진 소나무 숲과 그 사이로 난 오솔길이며, 겨울에는 트리메리골드가 피어난다. 1년 내내 잦은 안개도 달랏^{Đà Lạt}의 특징 중의 하나이다.

생명공학의 명성

달랏Dà Lạt은 생명공학과 핵물리학 분야의 과학 연구 지역으로도 명성이 높다. 고원 지대답게 서늘한 날씨가 1년 내내 이어지며, 배추류나 화훼류, 고구마, 장미 등이 경작된다. 본래 1922년에 지어진 달랏 왕궁Dà Lạt Palace이었던 소페텔 달랏은 현재 호텔로 사용되고 있다.

1890년대 이 지역을 탐사한 박테리아 학자 알렉산드르 예르생과 프랑스 화학자 루이 파스퇴르가 코친차이나의 영토였던 이곳을 보고, 프랑스 식민정부 총독인 폴 두메르에게 고원에 리조트를 만들어 달라고 요청한다. 이후 프랑스의 대통령이 되는 두메르는 흔쾌히 동의를 했다. 1907년 첫 번째 호텔이 지어지고, 도시계획이 어니스트 에브라Ernest Hébrard에 의해 실행되었다. 프랑스 식민정부는 이곳에 빌라와 기지 등을 제공하여 달랏Dà Lạt이라는 도시가 시작되었다. 이곳은 오늘날에도 남아 있다.

연중 내내 화창한 시원한 달랏(Đà Lạt)

달랏Đà Lạt은 베트남의 떠오르는 여행지로, 연중 날씨가 상대적으로 온화한 봄에 가깝다. 달랏Đà Lạt은 맑은 날이 300일 가까이 될 정도로, 흐린 날을 손에 꼽는다. 하지만 이로 인해 건조한 사막화현상이 생겨나고 있다. 연중 내내 화창한 날씨는 수많은 여행자를 유혹하는 매력이다.

베트남의 유럽

단조로운 사회주의 건축 대신 우아한 프랑스 식민지 시절의 별장이 도시의 언덕을 채우고 있다. 달랏은 식민 시절, 프랑스인들이 휴양지로 이용한 해발 1500m의 도시다. 늘 봄 같은 날씨를 자랑하고 프랑스풍 건물이 많아 매력적이다. 프랑스 점령 시절, 프랑스인들이 사랑한 고원도시 달랏Đà Lạt은 해발 1000m가 넘는 곳에 자리한 도시답게 늘 봄 같은 날씨를 자랑하고 프랑스풍 건축물도 많다.

다양한 즐길 거리

예쁜 도시를 여행하거나 주변 산에서 하이킹을 즐기는 여행자가 많다. 달랏 시내에는 근사한 카페, 아기자기한 갤러리도 많다. 베트남의 다낭이나 나트랑^{Nha Trang}은 휴가지로 발전하면서 도시화가 급속히 진행되고 있지만 달랏^{Đà Lạt}는 아직도 옛 분위기 그대로의 아름다운 자연을 잘 간직하고 있다.

밤이 되면 열리는 야시장에서 달랏^{Đà Lạt} 피자, 꼬치구이, 반미 등 저렴한 가격의 길거리 음식을 즐길 수 있다. 파스텔톤의 유럽풍 건물들과 베트남 오토바이 부대의 행렬이 조화를 이룬 신비한 도시는 달랏^{Đà Lạt}이다.

융합의 도시

달랏^{Đà Lạt}은 아시아와 프랑스의 문화가 잘 융합된 곳으로 독특한 문화를 경험할 수 있다. 그렇기 때문에 최소한 2일 이상 머물 가치가 있으며, 시간이 멈춘 곳이라는 타이틀에 걸맞은 여유로운 관광을 하기에 좋은 도시이다.

베트남의 대표 커피 산지

베트남의 뜨고 있는 또 다른 여행지 '달랏Đà Lạt'은 베트남을 대표하는 고급 커피 산지다. 해발고도 1,400~1,500m의 람비엔 고원지대에 자리한 고산도시다. 1년 내내 18~23도의 쾌적한 날씨를 자랑하는 이곳은 카페 쓰어다로 유명한 베트남 최고의 커피 생산지다. 베트남에서도 고급 아라비카 커피가 많이 나는 지역이어서 카페 문화도 발달했다.

달랏 여행 잘하는 방법

1. 공항에서 숙소까지 가는 이동경비의 흥정이 중요하다.

어느 도시가 되도 도착하면 해당 도시의 지도를 얻기 위해 관광안내소를 찾는 것이 좋다. 하지만 달랏Dalat은 더 중요한 것이 항공기의 시간이다. 달랏Dalat을 운항하고 있는 항공의 대부분은 밤늦게 도착하기 때문에 관광안내소에는 아무도 없으므로 공항에 나오면 숙소로 이동하는 것이 중요하다.

달랏Dalat에 밤에 도착하는 비행기는 숙소까지 이동하는 교통편이 대중교통은 없고 택시를 타야하기 때문에 바가지를 쓰지 않고 가는 것이 중요하다. 만약에 일행이 있다면 나누어서 택시비를 계산하면 되지만 혼자 온 여행자는 비용이 부담스러울 수도 있으니 흥정을 잘해야 한다. 차량공유 서비스인 그랩Grab을 사용하여 이동하는 것도 좋은 방법이다. 택시와 그랩Grab이 경쟁하면서 달랏Dalat은 택시로 인해 바가지를 쓰는 경우가 많이 없어지고 있다.

2. 심카드나 무제한 데이터를 활용하자.

공항에서 시내로 이동을 할 때 택시보다는 그랩Grab을 이용하면 택시의 바가지를 미연에 방지할 수 있다. 저녁에 숙소를 찾아가는 경우에도 구글 맵이 있으면 쉽게 숙소도 찾을 수 있어서 스마트폰의 필요한 정보를 활용하려면 데이터가 필요하다. 심카드를 사용하는 것은 매우 쉽다. 매장에 가서 스마트폰을 보여주고 데이터의 크기만 선택하면 매장

의 직원이 알아서 다 갈아 끼우고 문자도 확인하여 이상이 없으면 돈을 받는다.

3. 달러나 유로를 '동(Dong)'으로 환전해야 한다.

공항에서 시내로 이동하려고 할 때 미니버스를 가장 많이 이용한다. 이때 베트남 화폐인 '동Dong'가 필요하다. 대부분 달러로 환전해 가기 때문에 베트남 화폐인 동Dong으로 공항에서 필요한 돈을 환전하여야 한다. 여행 중에 사용할 전체 금액을 환전하기 싫다고 해도 일부는 환전해야 한다. 시내 환전소에서 환전하는 것이 더 저렴하다는 이야기도 있지만 금액이 크지 않을 때에는 큰 금액의 차이가 없다.

4. 공항에서 숙소까지 간단한 정보를 갖고 출발하자.

베트남 달랏Dalat은 공항에서 택시와 그랩Grab을 많
이 이용한다. 시내에서는 버스와 택시, 그랩Grab이
중요한 시내교통수단이다. 저렴한 택시비로 시민
이 아니면 관광객은 버스 노선도 잘 모르기 때문에
사용할 경우는 많지 않다.

같이 여행하는 인원이 3명만 되도 공항에서 택시를
활용해도 여행하기가 불편하지 않다. 최근에 택시
비가 그랩Grab보다 저렴한 경우도 발생하고 있다.
택시 고객이 부족한 택시들은 어느 정도 가격만 맞
으면 운행을 하고 있어서 바가지를 쓰지 않는다.

5. '관광지 한 곳만 더 보자는 생각'은 금물

배트남 달랏Dalat은 쉽게 갈 수 있는 해외여행지이다. 물론 사람마다 생각이 다르겠지만 평
생 한번만 갈 수 있다는 생각을 하지 말고 여유롭게 관광지를 보는 것이 좋다. 한 곳을 더
본다고 여행이 만족스럽지 않다.

자신에게 주어진 휴가기간 만큼 행복한 여행이 되도록 여유롭게 여행하는 것이 좋다. 서둘
러 보다가 지갑도 잃어버리고 여권도 잃어버리기 쉽다. 허둥지둥 다닌다고 달랏Dalat을 한
번에 다 볼 수 있지도 않으니 한 곳을 덜 보겠다는 심정으로 여행한다면 오히려 더 여유롭
게 여행을 하고 만족도도 더 높을 것이다.

6. 아는 만큼 보이고 준비한 만큼 만족도가 높다.

달랏Dalat의 관광지는 베트남의 역사와 관련이 있다. 그런데 아무런 정보 없이 본다면 재미도 없고 본 관광지는 아무 의미 없는 장소가 되기 쉽다.

2박3일이어도 달랏Dalat에 대한 정보는 습득하고 여행을 떠나는 것이 준비도 하게 되고 아는 만큼 만족도가 높은 여행지가 달랏Dalat이다.

7. 감정에 대해 관대해져야 한다.

베트남은 팁을 받는 레스토랑이 없다. 그런데 난데없이 팁을 달라고 하거나, 계산을 하고 나가려고 하는 데 붙잡아서 계산을 하라고 한다거나, 다양한 경우로 관광객에게 당혹감을 주고 있는 베트남이다. 그럴 때마다 감정통제가 안 되어 화를 계속 내고 있으면 짧은 달랏Dalat 여행이 고생이 되는 여행이 된다. 그러므로 따질 것은 따지되 소리를 지르면서 따지지 말고 정확하게 설명을 하면 될 것이다.

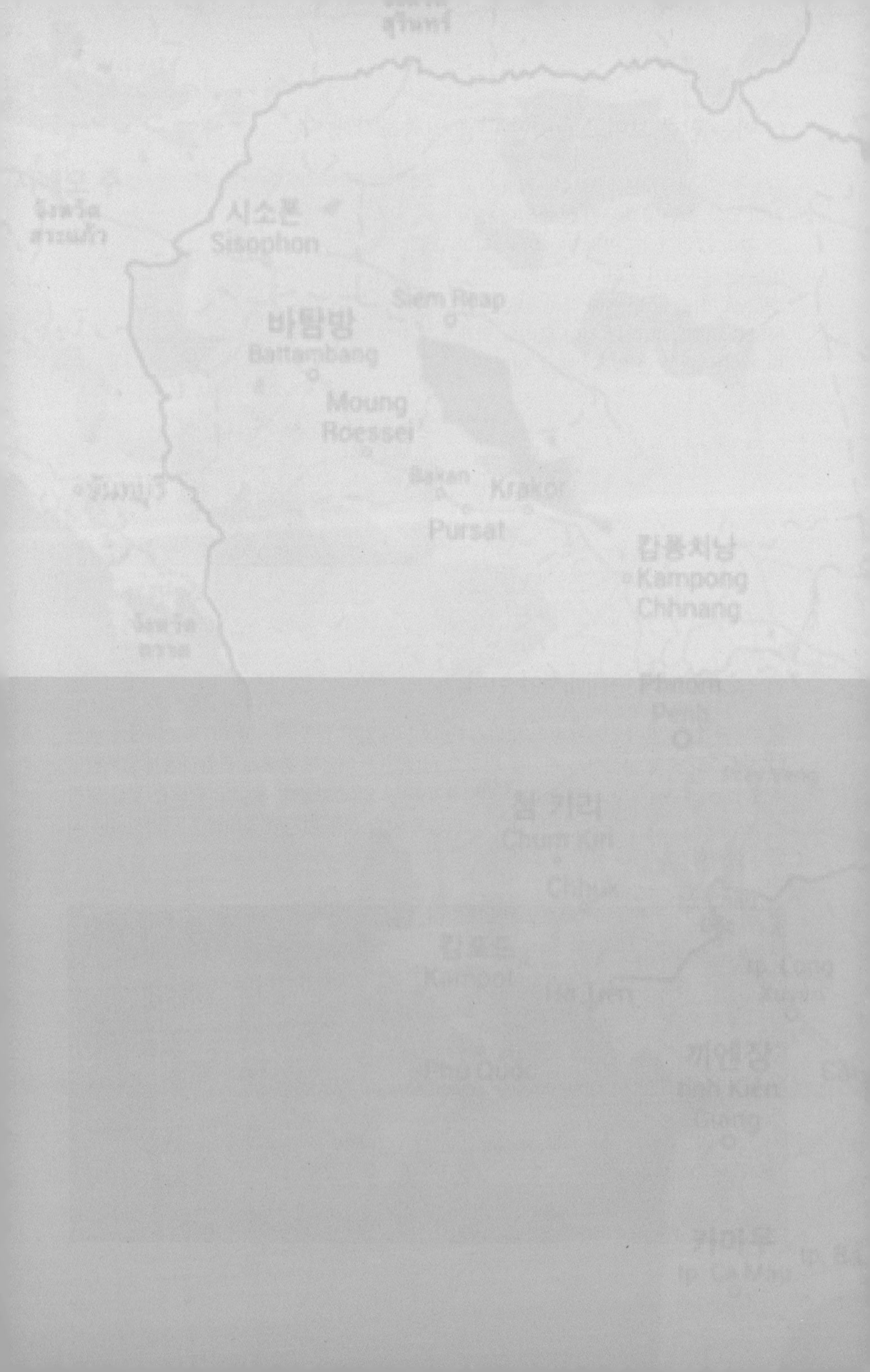

시소폰
Sisophon

시엠립
Siem Reap

바탐방
Battambang

Moung
Roessei

Bakan
Krakor

Pursat

깜퐁치낭
Kampong
Chhnang

Phnom
Penh

쯤 끼리
Chum Kiri

Chhuk

깜포트
Kampot
Ha Tien

Tp. Long
Xuyen

끼엔장
Rach Kien
Giang

Phu Quoc

까마우
Tp. Ca Mau

달랏
꼭필요한
INFO

한눈에 보는 베트남 역사

기원전 2000년경~275년 경 최초 국가인 반랑국이 건국되다
베트남 민족의 아버지로 불리는 훙 브엉이 훙 강 삼각주 지역에 반랑국을 세웠다. 반랑국은 농업을 기반으로 세운 베트남 최초의 국가였다. 기원전 275년 안 즈엉 브엉이 반랑국을 멸망시키고 어우락 왕국을 세웠다.

기원전 275년 경~기원후 930년 경 중국의 지배
중국 진나라 장수였던 찌에우 다가 중국 남부에 남비엣을 세웠는데 중국이 한나라가 쳐들어와 멸망했다. 그 후 베트남은 약 천 년간 중국의 지배를 받아야 했다. 베트남인들은 중국에 맞서 저항을 했지만 천 년동안 지배를 받을 수 밖에 없었다.

1800년 경~1954년 프랑스의 지배
1802년 응웬 아잉이 레 왕조를 무너뜨리고 응웬 왕조를 세웠다. 이 무렵 베트남의 산물과 무역로를 노린 프랑스의 공격이 시작되고 1884년에 베트남 전 국토가 프랑스에 넘어간다. 핍박을 견뎌 내며 독립을 향한 열의를 다졌다. 이때 나타난 호 찌민은 군대를 조직해 프랑스 군대를 공격하고 1954년 디엔비엔푸 전투를 승리로 이끈 베트남은 프랑스를 몰아내고 독립을 되찾았다.

1954년~1976년 미국의 야심에 저항하다
베트남은 독립 후 북위 17도선을 경계로 남과 북으로 갈렸다. 남쪽에는 미국이, 북쪽에는 지금의 러시아인 소련과 중국의 지원이 이어졌다. 1965년 미국이 베트남 북쪽 지역을 공격하면서 전쟁이 시작되었다. 끈질긴 저항 끝에 베트남의 승리로 미국은 베트남에서 물러났다.

1976년~1985년 경제의 몰락
전쟁으로 온 나라가 폐허가 된 베트남은 경제를 살리는 게 최우선 과제였지만 미국의 경제 봉쇄로 경제는 낙후된 상태가 이어졌다.

1985~현재
1985년 새롭게 바꾼다라는 뜻의 '도이머이 정책'을 실시하면서 부지런함과 끈기를 내세워 선진국의 투자를 이끌어내면서 2000년대에 급속한 발전을 이어온 베트남은 동남아시아를 대표하는 경제 성장 국가가 되어 가고 있다.

베트남의 현주소

'포스트 차이나'로 불리는 베트남의 2018년 GDP 성장률은 10년 만에 최고치인 7.08%를 기록했고, 올해도 6.9~7.1%의 고성장을 이어갈 것으로 전망한다. 1980년대 100$ 안팎에 그쳤던 1인당 국내총생산(GDP)이 2008년 1,143$로 증가해 중간소득 국가군에 진입했다. 덕분에 연평균 6.7%의 고성장을 계속해 베트남은 지속적으로 경제성장률이 유지되면서 2018년에는 1인당 GDP가 2,587$로 뛰었다.

'도이머이'는 바꾼다는 뜻을 지닌 베트남어 '도이'와 새롭다는 뜻인 '머이'의 합성어로 쇄신을 뜻하는 단어이다. 1986년 베트남 공산당 제6차 대회에서 채택한 슬로건으로 토지의 국가 소유와 공산당 일당 지배체제를 유지하면서 시장경제를 도입하여 경제발전을 도모하기로 한 역사적인 사건으로 응우옌 반 린 당시 공산당 서기장이 주도했다. 1975년 끝난 베트남전에 이어, 1979년 발발한 중국과의 국경전쟁, 사회주의 계획경제의 한계에 따른 식량 부족과 700%가 넘는 살인적인 인플레이션 상황이 초래되자 베트남은 새로운 돌파구가 필요했다

당시 상황은 '개혁이냐, 죽음이냐'라는 슬로건이 나올 정도로 절박한 상황으로 개혁은 선택이 아닌 필수였던 상황이다. 1980년대 초 일부 지방의 농업 분야에서 중앙정부 몰래 시행한 할당량만 채우면 나머지는 농민이 갖는 제도인 '도급제'가 상당한 성과를 거둔 전례가 있었기 때문에 '도이머이' 도입을 가능하게 했다.

쇄신의 길을 택한 베트남은 1987년 외국인 투자법을 제정해 적극적인 외자 유치에 나섰다. 1989년 캄보디아에서 군대를 완전히 철수하고, 중국에 이어 미국과의 관계를 정상화하고 국제사회의 제재에서 벗어난 것도 실질적인 '도이머이'를 위한 베트남의 결단이었다. 베트남은 1993년 토지법을 개정해 담보권, 사용권, 상속권을 인정했고, 1999년과 2000년에는 상법과 기업법을 잇달아 도입해 민간 기업이 성장하는 길을 닦았다.

베트남과 대한민국의 비슷한 점

끈질긴 저항의 역사

중국에 맞서 싸우다

베트남은 풍요로운 나라이지만 풍요 때문에 중국의 지배를 받아야 했었다. 약 2천 년 전, 중국을 다스리던 한 무제가 동남아시아로 통하는 교역항을 차지하기 위해 베트남에 군대를 보내 정복하고 약 천년 동안 중국의 지배를 받았다. 중국 군대를 몰아내는 데 앞장선 쯩 자매는 코끼리를 타고 몰아냈다. 기원 후 40년 경, 베트남은 중국 한나라의 지배를 받았는데 쯩 자매중 언니의 남편이 한나라 관리에게 잡혀 억울하게 죽고 말았다. 쯩 자매는 사람들을 이끌고 한나라 군대와 맞서 싸웠다. 한나라를 완전히 몰아내지는 못했지만 쯩 자매는 지금도 베트남 사람들의 영웅으로 전해 내려오고 있다.

중국의 지배를 받으면서 한자와 유교가 베트남에 널리 퍼지게 되면서 중국 문물을 배우는 데에 부지런했다. 유교에서는 부모를 정성스레 모시고, 이웃과 돈독히 지내고, 농사지은 것을 거두어들이면 조상에게 감사 제사를 지내라고 가르쳤다. 농사를 지으며 대가족이 모여 사는 베트남 사람들의 생활과 잘 맞았다. 농사를 지으려면 일손이 필요하고, 이웃과 서로 도우며 지내야 한다. 지금도 베트남 곳곳에는 유교 문화의 흔적들이 많이 남아 있다.

중국의 지배를 받을 때 중국 관리들과 상인들이 와서 행정문서와 교역문서를 한자로 기록하면서 문자가 없었던 베트남 사람들은 한자를 쓰기 시작했다. 나중에 프랑스의 지배를 받으면서부터 한자 대신 알파벳 문자를 쓰기 시작했다.

프랑스에 맞서 싸운 역사

1858년~1884년	프랑스가 베트남 공격
1927년~1930년	호치민을 비롯한 베트남 지도자들은 저항 조직을 만들어 프랑스에 맞서 싸우기 시작
1945년	호치민은 프랑스가 잠시 물러간 틈을 타 하노이에서 베트남 민주 공화국 수립을 선포했다. 하지만 프랑스는 이를 인정하지 않아 다시 전쟁이 시작되었다.
1954년	프랑스 군대가 있던 디엔비엔푸를 공격하여 크게 승리한 베트남은 마침내 독립을 이뤄냈다.

> **디엔비엔푸 전투**
> 1953년 베트남 북부 디엔비엔푸에서 베트남군과 프랑스군이 전투를 벌여 다음해인 5월까지 이어진 전투에서 베트남군은 승리를 거두고 프랑스군을 몰아냈다.

남북으로 갈라진 베트남

베트남은 남과 북으로 나뉘었다가 사회주의 국가로 통일을 이루었다. 베트남이 사회주의 국가가 되기까지 복잡한 역사적 배경이 있다. 과거 프랑스의 지배를 받았던 베트남은 독립을 위해 프랑스와 전쟁을 벌였다. 오랜 전쟁 끝에 1954년 제네바 협정이 열렸고, 프랑스는 베트남에서 물러났다. 1954년 제네바 협정결과 북위 17도선을 경계로 남과 북으로 분단이 되었다. 남쪽에는 민주주의 정권이, 북쪽에는 공산주의 정권이 세워졌다.

베트남은 이후 1976년 북베트남이 남베트남을 장악한 미국과 벌인 전쟁에서 승리하면서 통일을 이루었다. 미국은 약 50만 명이 넘는 군인을 북베트남에 보내고 엄청난 폭탄을 쏟아 부었지만 강한 정신력으로 미국에 맞서면서 10년을 싸워 1976년에 미국은 물러났다.

베트남 음식 Best 10

베트남은 남북으로 길게 이어진 국토를 가지고 있어 북부와 중, 남부는 다른 특성을 가지고 있지만 음식은 하노이의 음식이 퍼져나간 경우가 많다. 베트남 여행에서 쌀국수를 비롯해 다양한 음식을 맛보는 것은 여행의 또 다른 즐거움이다.
6개월 가까이 그들의 음식을 매일같이 먹으면서 맛의 차이를 느껴보는 경험은 남들과 다른 베트남 여행의 묘미였다. 길거리에 목욕의자를 놓고 아침에 먹는 쌀국수는 특히 잊을 수 없다. 베트남에서 한번쯤은 길거리에 앉아 그들과 함께 먹는 음식으로 베트남을 조금 더 이해할 수 있을 것이다.

1. 포^{Phở}

누가 뭐라고 해도 베트남 음식 중 1위는 쌀국수를 뜻하는 포^{Phở}이다. 베트남하면 쌀국수가 떠오를 정도로 쌀국수는 베트남 서민들이 가장 좋아하면서도 가장 많이 먹는 음식이다. 포^{Phở}는 끓인 육수에 쌀로 된 면인 반 포^{Bánh phở}를 넣고 소고기나 닭고기, 해산물을 넣는다.
베트남 전통 쌀국수에서는 라임과 고수가 빠지지 않고 오뎅, 닭고기, 돼지고기, 소고기 등. 쌀국수에 들어가는 식재료에 따라 종류도 무척 다양해졌다. 북부 베트남에서 시작되어 현재 포^{Phở}는 수도인 하노이뿐만 아니라 베트남, 아니 전 세계에서 가장 유명한 음식이 되었다. 길거리 어디서나 포^{Phở}를 판매하는 곳을 볼 수 있다. 맛도 한국에서 판매하는 쌀국수와는 다르다. 베트남 음식의 홍보대사라고 할 수 있다.

미꽝(MI Quáng)

베트남 중부의 대표적인 쌀국수로 넓은 면발에 칠리, 후추, 피시소스에 땅콩가루를 얹어서 나온다. 국물이 상대적으로 적어서 국물을 먹는 것이 아니고 면발에 국수가 스며들어가서 나오는 맛이 중요하다. 국물이 적은 이유도 면발에 흡수되려면 진한 국물이 필요하기 때문이다.

2. 분짜^{Bún ch}

전 미국대통령인 오바마가 하노이를 방문해서 먹은 음식으로 더 유명해진 분짜^{Bún chả}는 대한민국에서도 최근 분짜^{Bún chả}를 판매하는 식당이 인기를 끌고 있을 정도로 우리에게도 친숙해졌다. 하노이 음식들이 베트남에서 생겨난 경우가 많은 데 분짜^{Bún chả}도 그 중 하나이다. 숯불에 구운 돼지고기를 면, 채소와 함께 달콤새콤한 소스에 찍어먹으면 맛이 그만이다. 분짜^{Bún chả}는 누구든 좋아할 수밖에 없는 요리인데 베트남인들이 쌀국수와 함께 가장 즐겨먹는 음식이기도 하다.

3. 반 쎄오^{Bánh xèo}

쌀 반죽을 구운 베트남식 부침개인 반 세오^{Bánh xèo}는 tvN 〈신서유기〉를 통해 방영되면서 주목을 끌기도 한 베트남 음식에서 빠질 수 없는 음식이다. 베트남 쌀가루 반죽옷 안에 각종 야채와 고기, 해산물이 들어가 있는 일종의 부침개, 영어로는 '크레페'라고 할 수 있다. 쌀가루, 밀가루, 숙주나물, 새우, 돼지고기를 이용하여 팬에 튀긴 베트남 스타일로 바뀐 작거나 큰 크레페이다. 얼마 전 tvN 〈짠내투어〉에서 북부의 반세오^{Bánh xèo}는 대한민국의 부침개처럼 크고 중, 남부의 반세오^{Bánh xèo}는 한입에 넣을 수 있도록 작게 만든 것으로 차이점이 소개되기도 했다.

다른 수많은 베트남 음식들처럼 반 세오^{Bánh xèo}는 새콤달콤한 느억맘 소스에 찍어 먹는다. 반 세오^{Bánh xèo}를 노랗게 만드는 것은 계란이라고 생각하는데 원래는 강황이다. 단순한 음식이지만, 쌀국수와 더불어 중, 남부 베트남 사람들이 가장 즐겨먹는 음식이다.

무이네 반세오   북부 반세오

반 베오(Bánh Bèo)

소스 그릇처럼 작은 곳에 찐 쌀떡이 있고 그 위에 새우가루나 땅콩가루, 돼지고기 등을 얹어 먹는 음식으로 중, 남부에서 주로 먹는다. 처음 베트남에 여행을 가면 반 세오^{Bánh xèo}와 이름이 비슷해 혼동하지만 음식은 전혀 다르다.

4. 반미^{Bánh mì}

베트남어로 빵을 뜻하는 반미^{Bánh mì}는 한국에도 성업인 음식점이 있을 정도로 잘 알려져 있다. 반미^{Bánh mì}에는 프랑스의 지배를 받은 영향이 그대로 녹아있는데, 겉은 바삭하고 속은 상큼하면서도 아삭한 맛을 즐길 수 있는 바게뜨가 베트남 스타일로 바뀐 음식이다. 수십 년 만에 반미^{Bánh mì}는 다른 나라의 음식을 넘어 세계 최고의 거리 음식 명단에 오르면서 바게뜨의 명성을 위협하고 있다.

프랑스의 바게뜨 빵에 각종 야채와 고기를 넣고, 고수도 함께 넣어 먹는 베트남 반미^{Bánh mì}를 맛본 관광객들은 반미^{Bánh mì} 맛에 대해 칭찬을 아끼지 않는다. 서양의 전통 햄버거나 샌드위치보다 더 맛있다고 할 정도이다. 반미^{Bánh mì} 맛의 핵심은 바삭한 겉 빵의 식감과 고기, 빠떼^{Pate}, 향채 등 다양한 속 재료들이 어우러져 씹었을 때 속에서 전해오는 부드러움이 먹는 식욕을 자극하기 때문이다.

5. 꼼 땀 수언 누엉 ^{Cơm tấm sườn nướng}

아침이나 점심 때 무엇인가를 싸들고 가는 비닐봉지에 싸인 음식이 궁금해서 따라 먹어본 음식이 있다. 쌀밥^{Cơm tấm}에 구운 돼지갈비, 짜^{chả}(고기를 다져서 찌거나 튀긴 파이), 돼지 껍데기, 계란 후라이가 한 접시에 나오는 단순한 음식인데 이 맛이 식당마다 다 다르다.

구운 돼지갈비 밥인 꼼 땀 수언 누엉^{Cơm tấm sườn nướng}은 베트남 남부의 대표요리로 과거에는 아침에 먹었다고 하나 지금은 아침보다 점심에 도시락처럼 싸들고 사가는 음식에 더 가깝다. 저자가 베트남에서 매일 먹는 음식이기도 하여 친숙하다. 그리고 지역마다 현지인들의 맛집이 있기 때문에 꼭 맛집을 찾아서 먹으러 간다. 맛의 차이는 쌀밥과 돼지고기를 어떻게 구워 채소와 같이 먹느냐의 차이이다. 남부에서만 먹는 음식이 아니고 베트남 전국적으로 바쁜 현대인들에게 잘 어울리는 음식 중 하나다.

6. 넴^{Nem rán}

베트남 넴^{Nem rán}은 라이스페이퍼^{Bánh tráng}에 여러 재료
를 안에 넣어 돌돌 말아 튀긴 튀김 롤이다. 튀긴 후에
속 재료의 맛을 그대로 간직하고 있어서 갓 만든 뜨
거운 넴 1개를 소스에 찍어 한 입 베어 물면 바삭한
껍질과 함께 속의 풍미가 재료와 함께 어우러져 목으
로 넘어온다. 명절이나 생일잔치에도 빠지지 않고 나

오는 베트남 음식의 핵심이라고 할 수 있다. 우리가 먹는 튀긴 롤과 다르지 않아서 대한민
국 사람들도 쉽게 손이 가는 음식이다.

7. 고이 꾸온^{Gỏi cuốn}

손으로 먹는 베트남 음식의 특성이 가장 잘 나타나는
음식이 쌈이다. 북부, 중부, 남부 할 것 없이 다양한
종류의 스프링 롤인 고이 꾸온^{Gỏi cuốn}은 넴^{Nem rán}과 더
불어 손으로 먹는 음식을 가장 위생적으로 먹기 위해
만들어진 것이다. 가장 선호하는 베트남 음식 리스트
에 올라와 나트랑이나 무이네, 달랏에 여행을 간다면
한 번은 꼭 맛봐야 한다.

부드러운 라이스페이퍼에 채소와 고기, 새우 등을 넣어 말아내 입에 들어가면 깔끔한 맛으
로 여성들에게 인기가 높다. 새우, 돼지고기, 고수를 라이스페이퍼^{Bánh tráng}에 싸서 새콤한
느억맘 소스에 찍어 먹을 때 처음 전해오는 새콤함과 달콤함이 어우러진 맛에 침이 넘어오
게 만든다.

포 꾸온(Phở cuốn)

월남쌈이라고 생각하면 쉬운 음식으로 하노이가 자랑하는 요리
이다. 간단하고 쉽게 만들 수 있는데 보기에도 좋아 먹기에 수월
하다. 라이스페이퍼를 약간 물에 적신 후에 새우, 돼지고기나 소
고기 등을 넣고 돌돌 말아 소스를 찍어먹으면 더욱 맛있다. 고기
의 신선한 육즙은 야채와 느억맘 소스의 새콤달콤한 맛과 어울
려져 기가 막힌 맛을 만들어 낸다. 포 꾸온(Phở cuốn)은 베트남을
넘어 외국 관광객에게도 유명한 요리가 되었다. 화려하지는 않지
만 정갈한 음식이기에 베트남 음식의 정수가 다 담겨진 음식이
라 할 수 있다.

8. 꼼 티엔 하이 짠 ^{Cơm chiên hải sản}

한국과 베트남 모두 유교에 영향을 받은 유사한 문화
를 가져서 그런 것인지는 모르겠지만 베트남의 해산
물 볶음밥은 우리가 주위에서 먹는 해산물 볶음밥과
다를 것이 없다. 그도 그럴 것이 쌀밥, 해산물, 계란
등의 비슷한 재료에 소스도 비슷하여 만들어진 볶음
밥은 우리가 먹는 볶음밥과 다를 것이 없다.

9. 까오러우 ^{Cao Lầu}

까오러우^{Cao Lầu}는 베트남 중부에 위치한 작은 도시인
호이안의 대표 국수이다. 일본의 영향을 받아 일반
쌀국수보다 면발이 우동에 가깝고, 쫀득하고 두꺼운
면발의 면에 간장 소스 등으로 간을 한 돼지고기, 각
종 채소와 튀긴 쌀 과자를 올려 먹는다. 노란 면발과
진한 육수는 중부 지방 음식의 특색인 듯하다. 그릇
마다 소중하게 담겨져 까오러우^{Cao Lầu}를 한 번 맛본
사람이라면 다시 먹고 싶은 맛이다.

10. 분보남보 ^{Bún bò Nam Bộ}

분보남보는 한국의 비빔면과 비슷한 하노이의 비빔
국수이다. 신선한 소고기에서 배어난 육즙과 소스, 함
께 씹히는 고소한 땅콩과 야채들이 어우러져 구수한
맛을 한꺼번에 즐길 수 있다. 대부분의 면을 뜨거운
육수와 같이 먹는 것과 다르게 분보남보에는 쌀국수
에 볶은 소고기, 바삭하고 시원한 숙주나물, 볶은 땅
콩, 다양하고 신선한 야채들을 넣고 마지막에 새콤달
콤한 '느억 맘(베트남 전통 생선발효액 젓)'을 자신의 입맛에 맞도록 부어 먹는 베트남 스타
일의 비빔면이다. 중부의 미꽝과 더불어 가장 대중적인 음식으로 알려져 있다.

한국인이 특히 좋아하는 베트남 음식

봇찌엔(Bot chien)

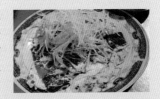

봇찌엔은 베트남 길거리에서 흔히 만날 수 있는 음식으로 쌀떡을 기름에 튀기고 부친 계란과 채를 썰은 파파야를 함께 올려 먹는다. 고소한 계란과 상큼한 파파야 맛이 같이 우러나온다. 역시 마지막에는 느억맘소스(생선을 발효시켜 만든 소스)를 뿌려서 버무리고 먹는 맛이 최고이다.

에그커피

에그커피는 하노이의 카페에서 개발하여 현재는 관광객에게 꽤 유명해졌다. 특히 달걀이 커피 안에 들어가 있어 크림처럼 부드러운 에그커피가 각종 TV프로그램에 소개되면서 특히 대한민국 여행자에게 유명하다. 마시기보다 푸딩처럼 떠먹는 것이 어울린다.

우리가 모르는 베트남 사람들이 즐겨 먹는 음식

숩 꾸어(Súp cua)

보양음식으로 알려져 아플 때면 더욱 찾는 음식이다. 게살스프로 서양에서 들어온 음식이 베트남스타일로 변형된 것이다. 이후 게살스프가 보편화되면서 사람들의 입맛에 맞게 되었다.

라우 무옹 싸오 또이(Rau muống xào tỏi)

마늘로 볶는 '모닝글로리'라고 부르는 공심채는 베트남인들에게 익숙한 야채이다. 마늘로 볶은 간단한 요리지만 식성을 돋구는 음식이다. 기름에 마늘을 볶아 마늘향이 퍼지면 모닝글로리를 넣고 같이 볶아준다. 우리의 입맛에도 제법 어울리는 요리이다.

베트남 쌀국수

베트남에 가면 쌀국수를 먹어야 한다고 이야기할 정도로 베트남 요리에서 많은 종류의 국수를 빼놓고 이야기할 수가 없다. 베트남의 국토는 남북으로 길게 이어진 나라로 북부의 하노이와 남부의 호치민은 기후가 다르다. 그러므로 국수를 먹는 것은 같지만 지방마다 특색 있는 국수가 있게 되었다. 베트남 국수는 신선한tươi 형태나 건조한khô 형태로 제공된다.

동남아시아가 쌀국수로 유명한 이유는 무엇일까?
밀이 풍부해 밀로 국수를 만들 수 있었던 동북아시아와는 달리 열대지방의 특성상 밀이나 메밀 같은 작물을 기르기는 어려웠지만 동남아시아의 유명한 쌀인 인디카 종(안남미)의 쌀을 이용했기 때문이다. 덥고 습한 기후 때문에 향이 강한 음식을 먹다보니 단순한 동북아시아의 국수와 다르게 발달하게 되었다.

대한민국에는 쌀국수가 발달하지 않은 이유
쌀농사를 짓는 대한민국에도 비슷한 쌀국수가 있었을 것 같지만, 한반도에서 많이 나는 자포니카 종의 쌀은 국수로 만들면 쫄깃한 맛이 밀이나 메밀가루로 만든 국수에 비해 떨어져서 쌀국수는 발달하지 않았다.

베트남 쌀국수가 전 세계로 퍼진 이유
베트남 쌀국수는 베트남 전쟁을 거치고 결국 베트남이 공산화 되면서 전 세계로 퍼지기 시작하였다. 남부의 베트남 국민들이 살기 위해 나라를 등지고 떠나 유럽이나 미주의 여러 나라로 정착하면서 저렴하면서 한끼 식사를 할 수 있는 쌀국수는 차츰 알려지기 시작했다. 서양인들의 기호에도 맞아 국제적으로 알려지는 계기가 되었다.

동유럽에서는 주로 북부의 베트남 사람들에 의해서 알려
지기 시작했다. 1970~80년대에 북베트남에서 외화를 벌기
위해 동유럽 국가로 온 베트남 노동자들이 많았다. 동유럽
이 민주화 바람 이후에도 경제적 사정으로 고국으로 돌아
가기 힘들었던 베트남 사람들은 베트남 식당을 차리기 시
작했고 더욱 퍼져나가기 시작했다.

쌀국수는
1. 미리 삶아온 면을
2. 뜨거운 물에 데친 후
3. 준비해둔 끓인 육수를 붓고
4. 땅콩, 향신료 말린 새우 설탕 등을 넣어 판매한다.

포^{phở}는 베트남 북부의 하노이 음식이었다. 1954년 제네바
협정으로 베트남이 남북으로 분단된 뒤, 북부 베트남의 공
산 정권을 피해 남부 베트남으로 내려간 사람들이 포^{phở}를
팔기 시작해, 남부 베트남에서도 흔하게 먹는 일상 음식이
되었다. 그 후, 1964~1975년까지 이어진 베트남 전쟁과 그 이후, 보트피플로 떠돌아다니며
세계의 여러 나라로 피난하면서 포^{phở}가 세계화되는데 일조를 하게 되었다. 미국, 캐나다
등에 이민을 온 베트남인들이 국수 가게를 많이 열면서 특히 미주지역에서 유명하다.

쌀국수 종류

국물이 들어간 국수는 베트남 쌀국수가 가장 유명하다. 뜨거운 육수에 쇠고기, 소의 내장 약간, 얇게 저
민 고기를 얹은 다음 국물에 말아서 먹는다. 새콤달콤한 맛과 향은 라임 즙이나 고수, 숙주나물 등에서
나오게 된다.

육수의 차이

일반적으로 쇠고기나 닭고기 육수를 쓴 쌀국수가 대부분이다.
▶ 포 가(phở gà) : 닭고기 육수 퍼
▶ 포 똠(phở tôm) : 새우 육수 퍼
▶ 포 보(phở bò) : 쇠고기 육수 퍼
▶ 포 엑(phở ếch) : 개구리 육수 퍼
▶ 포 해오(phở heo) : 돼지고기 육수 퍼

지역의 차이

베트남 남부에서는 달고 기름진 육수를 쓰고, 북부에서는 담백한 육수를 주로 사용한다. 포 하노이(phở
Hà Nội), 하노이 포(phở)에는 파와 후추, 고추 식초, 라임 등만 곁들인다. 포 사이공(phở Sài Gòn), 호치민
포(phở)는 해선장과 핫 소스와 함께 만들며, 라임과 고추 외에도 타이바질, 숙주나물, 양파초절임을 곁
들인다.

넓은 면 VS 얇은 면

넓은 면은 먼저 쌀가루에 물을 풀어
서 쌀로 된 물처럼 만든 것을 대나무
쟁반위에 고르게 펴서 며칠 동안 햇
볕에 잘 말린다. 얇게 뜨면 반짱Bahn
Trang이라고 부르며, 두텁게 떠서 칼
로 자르면 쌀국수가 되는 차이점이 있다. 반대로 얇고 가는 면의 경우는 쌀가루를 한 데 뭉
쳐서 끓는 물을 부어 익반죽을 한 뒤, 냉면사리를 만들듯 체에 걸러서 만들게 된다.

베트남 VS 태국

같은 동남아시아 국가이지만 조리법이 조
금씩 다르다. 국수는 볶는 국수와 국물을
넣어 만든 국수로 분류할 수 있다. 태국의
길거리 음식으로 주문을 하면 앞에서 바
로 볶아 내놓는 팟타이Phatai는 서양인들이
더 선호하는 국수이다.
길거리나 호숫가에서 배를 타고 생활하는
수상생활이 일상화 된 태국에서는 자그마
한 배에서 상인 한 명이 타고 다니며 판매
한다.
내용물에 따라 이름이 달라지지만, 보통 우리는 '포phở'라고 부른다.
국물을 가진 국수 가운데에서 중국, 태국, 라오스, 미얀마 스타일의 조금은 다른 쌀국수가
있는데, 맛의 차이는 국물을 내는 방법이나 양념에 따라 차이가 난다.

베트남

포(phở)
대한민국에서 쌀국수라고 하면 보통 생각하는 요리로 이제는 베트남을 상징하는 요리로 인식된다. 포(phở)는 쌀국수 국수인 포를 쇠고기나 닭고기 등으로 낸 국물에 말아 낸 대표 베트남 국수 요리이다.

분짜(Bùn Chà)
소면처럼 가는 쌀국수 면을 숯불에 구운 돼지고기, 야채와 함께 액젓인 느억맘 소스에 찍어 먹는 요리이다.

태국

팟타이
태국을 대표하는 쌀국수 요리이다. 닭고기, 새우, 계란 등의 재료를 액젓, 타마린드 주스 등으로 만든 소스와 볶아낸 쌀국수이다.

꾸어이띠어우
고기 국물에 말아먹는 쌀국수 요리로 포(phở)의 태국 버전이라고 보면 된다. 향신료를 베트남보다 많이 쓰는 태국 요리는 향신료의 향이 강하다는 차이가 있다.

포(phở) 이름의 기원

프랑스어 기원

농사를 지어왔던 베트남에서 소는 꼭 필요한 동물이었다. 그래서 쇠고기를 잘 먹지 않았다. 포phở는 프랑스 식민지 시기에 프랑스인들이 만들어 먹은 쇠고기 요리인 포토 푀가 변형된 것이라는 것이다. 베트남인 '포phở'는 프랑스어로 '포토푀pot-au-feu'의 '푀feu'를 베트남식으로 발음한 것이라는 설이다. 산업혁명 이후 19세기 말에 공장 노동자들이 끼니를 때우기 위해 고기 국물에 국수를 말아 먹기 시작하던 것이 유래되었다고 한다.

중국의 광둥어 기원

하노이에 살던 중국의 광둥지역 이민자들은 응아우육판(牛肉粉)이 포phở의 기원이라는 설이다. '응아우'는 '쇠고기'를 뜻하고 '판'은 '국수'라는 뜻이다. 베트남어로 '응으우눅편nguu nhục phấn'이라고 불렸다. 베트남어 '편phấn'은 '똥'을 뜻할 수도 있기 때문에. 음절 끝의 'n'이 사라지면서 '포phở'가 되었다고 한다. 포phở를 만들 때 쓰는 넓은 쌀국수는 '분 포bún phở로 '포 국수'라는 뜻이다.

베트남 음료

베트남은 우리 입맛에 맞는 음식들이 많다. 태국 음식이 다양하다고 하지만 베트남도 이에 못지않은 다양한 음식들이 있다. 또한 음료도 태국만큼 다양한 열대과일로 만든 주스와 스무디가 많다.

프랑스 식민지였기 때문에 베트남에서는 바게뜨와 같은 서양음식들도 의외로 많아서 베트남 음식과 맥주와 음료를 마시면서 음식을 먹는 유럽인들도 많고 특히 바게뜨 같은 반미와 함께 커피를 마시는 여행자들이 많을 정도로 커피가 일반적인 음료이다. 풍부한 과일로 생과일주스를 마실 수 있고, 물이나 맥주, 커피도 저렴하게 즐길 수 있다. 베트남에서 먹고 마시는 것으로 고생하는 경우는 없다고 봐도 무방할 것이다.

비어 사이공(Beer Saigon)

베트남에서 가장 유명한 맥주로 관광객들이 누구나 한번은 마셔보는 베트남 맥주로 맛이 좋다. 프랑스에서 맥주 기술을 받아들여서 프랑스와 비슷한 풍부한 맥주 맛을 내고 있다. 맥주 맛의 기술은 우리나라보다도 좋은 것 같다.

333비어(333Expert Beer)

베트남 남, 중부에서 유통되는 맥주이다. 베트남어로 '3'이라는 숫자의 발음은 '바'로 일명 '바바바 비어'라고 부른다. 청량감이 심해서 호불호가 갈리는 맥주로 대한민국의 카스 맥주와 맛이 비슷하다.

라루비어(Larue Beer)

중부를 대표하는 맥주 브랜드로 프랑스 스타일의 맥주이다. 블루 컬러는 저렴하고 레드 컬러는 진한 흑맥주 맛을 낸다. 캔 맥주나 병맥주의 뚜껑을 따면 뚜껑 안에 한 캔이나 한 병을 무료로 먹을 수 있도록 마케팅을 하여 맥주 소비량이 늘어났고 뚜껑을 따서 하나 더 마실 수 있는지 확인하는 풍경이 벌어지기도 한다.

후다 비어(Fuda)

중부 지방에서 판매가 되고 있는 맥주로 후에를 중심으로 다낭까지 판매를 늘리고 있다. 93년 미국의 칼스버그가 합작투자를 통해 판매가 시작되었다. 다른 333비어나 라루 비어가 나트랑에서 보기에 어렵지 않은 맥주이지만 후다는 아직 나트랑에서 가끔 볼 수 있는 정도의 맥주이다.

맨스 보드카(Men's Vodka)

보드카는 베트남에서 가장 선호되는 주류 중 하나이다. 중간 품질의 보드카 부문은 맨스 보드카Men's Vodka 브랜드가 지배하고 있다. 100년 이상의 역사를 자랑하는 브랜드인 보드카 하노이Vodka Ha Noi가 막대한 투자를 통해 시장에서 성장해 왔다. 맨스 보드카Men's Vodka 보드카는 시장의 선두 주자로 인기가 높아짐에 따라 남성용 보드카 브랜드의 이미지가 대명사가 되었다. 다만 보드카 하노이Vodka Ha Noi는 구식 이미지가 강해 젊은 층에는 인기가 시들고 있다.

커피(Coffee)

베트남에서 커피한번 마셔보지 않은 관광객은 없다. 베트남식의 쓰고 진하지만 연유를 넣어 달달한 커피 맛은 더운 베트남에서 당분을 보충할 수 있는 좋은 방법이기도 하다.

'카페'로 발음하기도 하지만 '커피'라고 불러도 알아 듣는다. 프랑스식민지로 오랜 세월을 있어서 커피문화가 매우 발달했다. 특히 연유가 듬뿍 담긴 커피는 베트남 커피만의 특징이다.

> 주문할 때 필요한 베트남어
> 카페 쓰어다 | Cà Phê Sữa Dà | 아이스 연유 커피　카페 덴다 | Cà Phê Den Dà | 아이스 블랙 커피
> 카페 쓰어농 | Cà Phê Sữa Nóng | 블랙 연유 커피　카페 덴농 | Cà Phê Den Nóng | 블랙 커피

생과일 주스(Fruit Juice)

과일이 풍부한 동남아와 같이 베트남도 과일이 풍부하다. 그 중에서 망고, 코코넛, 파인애플 같은 생과일로 직접 갈아서 넣은 생과일 주스는 여행에 지친 여행자에게 피로를 풀고 목마름을 해결해주는 묘약이다.

느억 미어(Núoc Mia)

사탕수수 주스를 말하는데 길거리에서 사탕수수를 직접 기계에 넣으면 사탕수수가 으스러지면서 즙이 나오는데 그 즙을 받아서 마시는 주스가 느억 미어Núoc Mia이다. 동남아시아의 다른 나라에서도 마실 수 있지만 저렴하기는 베트남이 가장 저렴하다.

레드 블루(Red Blue)

우리나라의 박카스나 비타500과 비슷한 에너지 드링크로 레드 블루Red Blue가 있는데 맛은 비슷하다. 카페인 양이 우리나라 에너지 드링크보다 높다고 하지만 마실 때는 잘 모른다.

열대과일

망고(Mango)
달랏에서 가장 맛있는 과일은 역시 망고이다. 생과일주스로 가장 많이 마시게 되는 망고주스는 베트남여행이 끝난 후에도 계속 생각나게 된다.

망고(Mango)

파파야(Papaya)
수박처럼 안에 씨가 있는 파파야는 음식의 재료로도 사용이 된다. 겉부분을 먹게 되며, 부드럽고 달달하다.

람부탄(Rambutan)
빨갛고 털이 달려 있는 람부탄은 징그럽게 생겼다고 생각되기도 하지만 단맛이 강한 과즙을 가지고 있다.

파파야(Papaya)

두리안(Durian)
열대과일의 제왕이라고 불리는 두리안은 껍질을 까고 먹는 과일이고, 단맛이 좋다. 하지만 껍질을 까기전에 냄새는 좋지 않아 외부에서 먹고 들어가야 한다.

망꼰(Dragon Fruit)
뽀족하게 나와 있는 가시같은 부분이 있는 과일이다. 선인장과의 과일로, 진한 빨강색으로 식감을 자극하지만, 의외로 맛은 없다.

두리안 (Durian)

코코넛(Coconut)
야자수 열매로 알고 있는 코코넛은 얼음에 담아 마시면 무더위가 가실 정도로 시원하다. 또한 코코넛을 넣어 만든 풀빵도 간식으로 인기가 많다.

코코넛 (Coconut)

쇼핑

베트남 여행에서 베트남만의 다양한 상품을 구입하는 데 가장 인기가 높은 것은 역시 커피, 피시소스(느억맘), 비나밋 과자이다. 3개의 제품은 베트남만이 생산하는 제품이기도 하지만 선물로 사오거나 쇼핑을 해서 구입해도 잘 사용하는 품목들이다. 현명한 쇼핑은 한국에 와서 사용할 수 있는 제품을 구입하는 것이다. 저렴하다고 구입해서 버리지 않는 방법이다.

G7 커피(2~5만 동)

베트남 여행에서 돌아오는 공항에서 가장 많이 구입하는 커피가 G7 커피가 아닐까 생각된다. 베트남을 대표하는 인스턴트 커피 브랜드 G7 커피는 블랙, 헤이즐넛, 카푸치노, 아이스커피 전용 등 다양한 종류와 저렴한 가격이 매력적이다.
부드러운 향을 좋아한다면 헤이즐넛, 쌉싸래한 커피 본연의 맛을 원하면 블랙을 추천한다. 직장인에게는 달달하고 진한 맛의 믹스와 카푸치노가 우리가 즐겨먹는 커피와 비슷하다.
'3 in 1'이라는 표시는 설탕과 프림이 들어간 커피라는 뜻이고 '2 in 1'은 설탕만 들어간 제품이니 구입할 때 잘 보고 구입하기를 권한다.

콘삭 커피(3~10만 동)

G7 커피와 함께 베트남 커피 시장을 장악하고 있는 콘삭 커피는 일명 '다람쥐 똥 커피'라고 더 많이 부른다. 실제 커피콩을 먹은 다람쥐의 배설물이라는 말이 있다. 인도네시아에서 생산되는 루왁 커피만큼 고급 원두는 아니기 때문에 약간 탄 듯 쓴 맛이 강한 커피이다. 하지만 고소한 향과 쓰고 진한 맛을 좋아한다면 추천한다.

노니차(15~20만 동)

건강 음료로 알려져 최근에 나이 드신 부모님들의 열풍과 가까운 선물이 노니차이다. 동남아에서 자라는 열대 과일인 노니는 할리우드 대표 건강 미녀 미란다 커의 건강 비결로 알려져 인기를 끌고 있다. 노니에는 질병과 노화를 막아주는 폴리페놀이 다량 함유되어 있다고 한다. 베트남의 달랏에서 재배가 되고 있는 노니차는 달랏
이라고 더 저렴해지는 않고 베트남 어디든 비슷한 가격을 형
성되어 있다. 티백으로 간편하게 즐길 수 있는 건강식품인 노
니차는 물처럼 쉽게 마시는 건강식품이라서 베트남에 가게 되
면 꼭 구매하는 품목으로 부상하였다.

베트남 칠리소스(5천~2만동)

베트남의 국민 소스라고 할 수 있는 피시소스(느억맘)는 중독
성이 있다고 할 정도로 한번 알게 되면 피시소스를 먹지 일반
핫 소스는 못 먹게 된다고 할 정도이다. 특히 베트남에서 먹는
볶음밥이나 볶음면에 넣어 먹으면 베트남 현지의 맛을 느낄
수 있다고 할 정도이다. 특히 피시소스와 가장 궁합이 어울리
는 음식은 바로 치킨이나 튀김 요리이다. 바삭하고 고소한 튀
김 요리를 베트남 피시소스에 찍어 먹는 순간 자꾸 손이 가게
된다.

봉지 쌀국수(3천~1만 동)

베트남 쌀국수를 좋아하는 관광객이 대한민국으로 돌아와서
도 먹고 싶은 마음에 봉지 쌀국수와 컵 쌀국수를 꼭 구입하고
있다. 향, 맛, 쉬운 조리법을 모두 갖춘 봉지 쌀국수 하나로 베
트남 현지에 있을 정도라고 한다. 맛있게 먹는 방법은 베트남
칠리소스와 함께 먹는 것이라고 하니 칠리소스와 함께 구입하
는 것을 추천한다.

비나밋(3~5만 동)

방부제, 설탕, 색소가 없는 본연의 맛을 최대한 살린 건조 과
일 칩인 비나밋은 아이들이 특히 좋아한다. 1988년부터 지금
까지 베트남 인기 간식으로 자리 잡은 비나밋은 건강하게 먹
을 수 있다는 장점으로 사랑받고 있다. 고구마, 사과, 바나나,
파인애플, 잭 프루트 등 다양한 종류가 있지만 고구마와 믹스
프루츠가 인기이다.

망고 과자(3~5만 동)

베트남의 망고과자도 인기 과자제품이다. 비나밋만큼의 인기가 없을 뿐이지 동남아
의 대표과일인 망고를 과자로 만든 달달한 망고과자는 그 맛을 잊을 수 없을 정도이
다. 중국인들은 오히려 망고과자를 더 많이 구입한다고 한다.

캐슈너트(10~20만 동)

베트남에서 흔히 만날 수 있는 대표 견과류인 캐슈넛은 껍질을 벗기지 않고 볶은 게 특징이다. 짭짤하고 고소한 맛으로 맥주 안주로 제격인데, 항산화 성분과 마그네슘 등이 많기 때문에 몸에도 좋다. 바삭하고 고소한 맛을 오래 유지하려면 진공 포장된 제품을 구매해야한다.

농(5~8만 동)

베트남의 전통 모자로 알려져 있는 농이나 농라라고 부르는 모자로 야자나무 잎으로 만들었다. 처음 베트남 여행에서 가장 많이 사오는 기념품으로 알려져 있지만 실제로 사용할 경우는 거의 없다.

라탄 가방, 대나무 공예품

최근 여성들의 트랜드로 떠오르고 있는 라탄 가방을 비롯해 슬리퍼, 밀짚모자 등 다양한 종류의 패션 아이템도 인기 상승 중이다. 쇼핑몰에서 고가에 판매하는 라탄 가방을 저렴한 가격에 구매할 수 있다. 어느 베트남 시장에서든 판매하고 있으니 가격을 꼼꼼히 살펴보고 구입하도록 하자. 특히 시장에서는 흥정을 잘해야 후회하지 않는다.

딜마 홍차(15~20만 동)

레몬, 복숭아, 진저, 우롱 등 종류도 다양하여 선물용으로 각광받고 있는 홍차이다. 딜마 홍차는 한국에서도 판매되고 있는 고급 홍차 브랜드인데 국내에서도 살 수 있는 딜마를 베트남에서 꼭 사는 이유는 가격차이 때문이다. 5배가량 가격 차이가 난다고 하니 구입을 안 할 수없게 된다.

파베 초콜릿

베트남의 고급 초콜릿 브랜드로 초콜릿의 다양한 종류와 깔끔한 패키지가 인상적인 '파베'이다. 주로 대한민국 관광객이 선물용으로 많이 구매한다. 특히 인기 있는 맛은 바로 이름만 들어도 생소한 후추맛인 '블랙페퍼'이다. 달달하게 시작해서 알싸하게 끝나는 맛이 매력적이다.

마사지(Massage) & 스파(Spa)

근육과 관절 등에 일련의 신체적 자극을 통해 뭉친 신체의 일부나 전신의 근육을 푸는 것이 마사지이다. 누구나 힘든 일을 하면 본능적으로 어깨 등을 어루만지는 행동을 할 정도이다. 그러므로 마사지도 엄청나게 오래된 역사를 가지고 있다. 고대 로마에도 아예 전문 안마사 노예가 따로 있었을 정도라고 한다.

마사지의 종류는 경락 마사지, 기 마사지, 아로마 마사지, 통쾌법 등 많다. 그 중 대표적인 것이 발마사지와 타이 마사지일 것이다. 또한 오일 마사지, 스포츠 마사지 등이다. 스포츠 마사지는 운동선수들의 재활 및 근육통 경감, 피로 회복 등을 위해 만들어진 것으로 맨손을 이용하여 근육을 마사지하는 것이다.

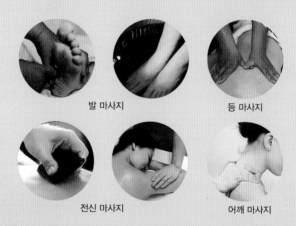

발 마사지   등 마사지

전신 마사지   어깨 마사지

마사지의 역사

태국은 세계적으로 마사지가 유명하지만 동남아시아의 어디를 여행해도 어디에서든 쉽게 찾을 수 있을 정도로 유명하다. 마사지는 맨손과 팔을 이용하여 고대 태국 불교의 승려들이 장시간 고행을 한 후 신체의 피로를 풀어주기 위해 하반신 위주로 여러 지압법을 만들기 시작한 것이 시초라고 한다. 지금도 태국에서 전통 마사지라고 하면 바로 하체에만 하는 마사지 법을 일컫는다고 한다. 스님들이 전쟁에 지친 군인들을 위해 할 수 있는 게 뭐가 있을까 생각하다가 고안한 것이 있었는데 그게 바로 마사지였고, 자연스럽게 승려들을 통해 마사지가 발전해왔다는 이야기도 전해온다.

베트남에서는 타이 마사지보다 오일을 이용한 전신마사지가 더욱 유명하다. 가격과 품질은 당연히 천차만별이다. 예전에는 베트남에서 길거리에서 파라솔이나 그늘 아래 플라스틱 의자에 앉아서 발과 어깨 마사지를 받을 수도 있었지만 지금 그런 모습은 존재하지 않는다. 마사지 간판을 내건 곳은 어디나 나름 깨끗하고 청결하게 관리하고 손님을 맞고 있다. 또한 최고급 호텔에서 고급스럽게 제대로 전신 마사지를 받을 수도 있다.

베트남에서 마사지는 필수 관광코스이고, 아예 마사지사를 양성할 정도로 활성화되어 있다. 보통 전신마사지 코스로 마사지를 받기 때문에 마사지사는 마사지에서 중요한 역할을 한다. 아직 태국처럼 마사지를 전문으로 하는 대학은 없지만 많은 사람들이 마사지를 중요한 수입원으로 생각하고 있을 정도로 베트남에서 마사지는 관광산업에서 중요한 역할을 하고 있다.

강도가 강한 타이마사지는 처음보다 전신마사지를 받고 나서 며칠이 지나고 받는 것이 좋다는 의견이 많다. 타이 마사지는 강도가 센 편이지만 받고 나면 시원하다. 그러나 고통에 대한 내성이 없는 사람들은 흠씬 두들겨 맞은 느낌을 받을 수 있을 정도로 아프다고 하기 때문에 자신의 몸 상태를 생각하고 선택하는 것이 좋다.

시간은 1시간이나 2시간 코스가 보통이고, 마사지 끝난 뒤 마사지사에게 팁을 주는 것이 관례이다. 팁은 1시간 당 마사지비용의 10% 정도가 적당하지만 능력 이나 실력에 따라 생각하면 된다. 베트남은 팁 문화가 거의 없는 나라이지만 마사지사의 수입원 중 하나가 팁이므로 정말 만족한다면 팁을 풍족히 주고 이름을 들은 다음 이후엔 지목해서 마사지를 받으면 좋다.

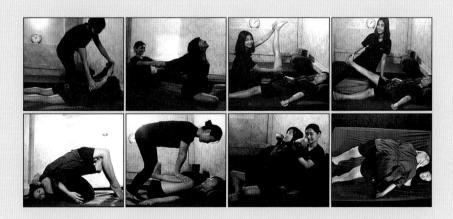

베트남과 커피

베트남 커피에 대해 잘못 알고 있는 사실은 과당 연유를 첨가한 것이 베트남커피라고 알고 있는 것이다. 베트남 커피의 유명세만큼 베트남 여행에서 커피를 구입하는 것은 일반적이다. 동남아시아는 덥고 습한 날씨가 지속되므로 어디를 여행해도 진하면서도 엄청나게 단맛이 나는 연유는 쓰디쓴 다크로스트 커피와 궁합이 잘 맞게 되어 있다. 커피에 연유를 첨가하는 방식을 누구나 동남아시아에서 지내다 보면 당연하다고 생각이 바뀔 것이다. 커피는 우리가 여행 중에 바라는 여유를 충족시켜주며 또 그 커피 맛에 한 번 빠지면 빠져 나오기 힘들 정도이다.

베트남에서는 에소프레소 스타일의 커피를 선호한다. 커피에 연유를 넣든 그냥 마시든 개인이 선택하는 것이라서 커피를 주문하면 그 옆에 연유를 같이 준다. 그러므로 우리가 생각하는 뜨거운 커피든 냉커피든 모든 커피에 연유를 넣는다는 것은 잘못된 생각이다. 까페 종업원에게 따로 설명하지 않으면 조그마한 커피 잔에 연유가 깔려 나오는 것이 아니고 같이 나온다. 때로는 아예 메뉴에서 구분해서 주문하는 것이 빠르게 커피를 받도록 해놓았다. 또한 밀크커피를 주문할 때도 '신선한 우유fresh milk'는 연유를 넣은 커피로 나오기 때문에 우리가 마시던 커피와 다를 수가 있다. 그러나 베트남 여행을 하는 대한민국의 여행자가 늘어나면서 관광객을 상대로 하는 커피점은 '아메리카노'가 메뉴에 따로 있다. 또 콩 Cong카페의 유명 메뉴인 코코넛 커피는 커피에 코코넛을 넣는 것이지만 코코넛 맛을 내는 통에서 나오는 것이다.
예전에는 우유를 뺀 커피를 주문하면 연유 없이 커피가 나오는데 쓴 커피를 마시다 보면 바닥에 설탕이 잔뜩 깔린 사실을 바닥이 보일 정도에야 알아차리는 블랙커피였다. 베트남 커피가 강한 맛을 내고 쓰기 때문에 아무것도 첨가하지 않은 스트레이트로 마시는 베트남 사람들이 많았지만 지금은 구분해서 마시고 있다.

세계에서 2번째로 커피 원두를 많이 재배하는 국가가 베트남이라는 사실은 잘 알려져 있다. 19세기 프랑스가 자국에서의 커피를 공급하기 위해 처음 재배하기 시작했는데 전쟁 이후 베트남 정부가 대량으로 커피 생산을 시작하면서 생활의 일부분으로 들어오기 시작했다. 1990년대부터 커피 재배가 수출품으로 확산하면서 이제는 연간 180만 톤 이상의 원두를 수확하고 있다.

커피는 베트남 사람들의 생활에서 중요하다. 베트남여행을 하면 사람들이 카페에서 작은 플라스틱 의자에 앉아 아침 일찍부터 낮을 지나 저녁까지 커피를 마시는 모습을 볼 수 있다. 카페는 덥고 습한 베트남의 날씨 때문에 낮에는 일하기 힘든 상태에서 쉴 수 있는 장소이자 지금은 엄마들이 모여 수다를 떠는 등 모든 연령대의 사람들이 모이는 장소이다. 관광 도시인 나트랑Nha Trang에는 하이랜드Highlnd와 콩Cong카페를 비롯해 다양한 베트남 프랜차이즈들이 관광객을 대상으로 대중적인 커피를 팔고 있다.

베트남에서는 커피를 1인분씩 끓이는데 작은 컵과 필터 그리고 뚜껑(떨어지는 커피 액을 받는 용도로도 쓰임)으로 구성된 커피추출기 '핀phin'을 이용한다. 이러한 방식으로 커피를 준비하기 때문에 과정을 음미하면서 커피를 천천히 마시게 된다. 물론 모든 커피가 이런 방식으로 제조되는 것은 아니다. 일부 카페에서는 이미 만들어 놓은 커피를 바로 따라 마실 수 있게 준비되어있다. 하지만 베트남 전통 방법으로 만드는 슬로우 드립 커피는 매우 독특한 경험이다. 특히 모든 게 혼란스럽고 빠르게 느껴지는 베트남 도심에선 사람들에게 여유를 선사하고 한숨 돌리게 해주는 필수 요소다.

전통식 '핀'이 작아 보인다면 제대로 본 것이다. 베트남에선 벤티(대형) 용량의 커피는 없다. 커피가 매우 강하기 때문에 많이 마실 필요가 없다는 소리다. 120㎖ 정도면 충분하다. 슬로우 드립이라는 특성도 한 몫 하지만 작은 양으로 서빙되기 때문에 좋은 상태의 커피를 마시고 싶다면 천천히 음미하며 마셔야 한다.

때때로 베트남 커피에는 연유 외에도 계란, 요구르트, 치즈나 버터까지 들어간다. 버터와 치즈! 하노이에 있는 지앙Giang 카페는 계란 커피로 유명한데 커피에 계란 노른자와 베트남 커피 가루, 가당 연유, 버터 그리고 치즈가 들어간다. 우선 달걀노른자를 저어 컵에 넣고 나머지 재료를 더하는데 온도를 유지하기 위해 컵은 뜨거운 물에 담가놓는다고 한다.

베트남 인의 속을 '뻥' 뚫어준 박항서

2018년 베트남 국민들은 '박항서 매직'으로 행복했다. 나는 그 현장을 우연히 베트남에서 오래 머물면서 같이 느끼게 되었다. 그 절정은 동남아시아의 대표적인 축구대회인 스즈키컵 우승으로 누렸다. 이날 베트남 전체가 들썩였고, 밤을 잊은 베트남 사람들은 축구 열기가 꺼지지 않고 붉게 타오른 밤에 행복하게 잠을 청했다.

나는 2018년 10월 초에 베트남을 잠시 여행하기 위해서 들렀다가 지금까지 있게 되었다. 그들의 친절하고 순수한 마음에 나를 좋아해주는 많은 베트남 사람들을 만나면서 이들의 집안행사에 각종 모임에 나를 초대해 주면서 그들과 가깝게 지내고 다양한 이야기를 옆에서 들었다. 또 많은 술자리를 함께 하면서 내가 모르는 베트남 이야기를 들었다.

베트남은 11월 15일 하노이의 미딘 국립경기장에서 열린 '아세안축구연맹(AFF) 스즈키컵 2018' 결승 2차전에서 말레이시아에 1−0으로 이겼다. 1차전 원정경기 2−2 무승부 포함 종합 스코어 3−2로 승리한 베트남은 2008년 이후 10년 만에 스즈키컵을 들어올렸다.

베트남의 밤이 불타오른 것이 올해만 벌써 몇 번째인지 모른다. 1월 열린 아시아축구연맹(AFC) U−23 챔피언십에서 베트남이 결승까지 올라가면서 분위기가 달아오르기 시작했다. 8월에는 자카르타 · 팔렘방 아시안게임에서 베트남이 일본을 꺾으며 조별리그를 1위로 통과한 데 이어 4강까지 올라가 축구팬들을 거리로 내몰고 또 내몰았다.

이번 스즈키컵에서 우승에 이르는 여정은 응원 열기를 절정으로 이끌었다. 결국 우승까지 차지했으니 광란의 분위기도 끝판을 이뤘다. 박항서 감독이 올해 하나의 실패도 없이 끊임없이 도전하면서 베트남은 축구로 하나가 되었다. U-23 챔피언십과 아시안게임을 거치며 박 감독은 이미 '영웅'이 됐다. 스즈키컵 우승까지 안았으니 그에게 어떤 호칭이 따라붙을지 궁금하다. 2018년 베트남에서 박항서 감독은 '축구神'이나 마찬가지다.

지금 'Korea'라는 이야기를 가장 인정해 주는 나라는 베트남이다. 한국인이라고 하면 웃으면서 이야기를 한번이라도 더 나누게 되고 관심을 가져준다. 2018년의 한류는 박항서 감독이 홀로 만든 것이라고 해도 과언이 아닐 것이다.

박항서 매직이 완벽한 신화로 2018년 피날레를 장식했다. 베트남이 열광하지 않을 수 없었다. 이날 결승전이 열린 미딘 국립경기장에는 4만 명의 관중만 입장할 수 있었다. 베트남 대표팀 고유색인 붉은색 유니폼을 입은 관중과 국기로 붉은 물결을 이뤘다. 그 가운데도 박항서 감독의 나라, 대한민국의 태극기 응원이 곳곳에서 눈에 띄었다.

하노이에 있던 나는 정말 길거리에서 대한민국 국기와 베트남 국기를 동시에 달고 다니던 장면을 잊을 수가 없다. 직접 경기장에서 경기를 보지 못한 베트남 국민들은 전국 곳곳의 거리에서 대규모 응원전을 펼쳤다. 베트남의 우승이 확정된 후에는 더 많은 사람들이 거리로 쏟아져 나왔고, 밤을 새워 우승의 감격을 함께 했다. 이날 '삑삑'거리는 소리 때문에 잠을 잘 수가 없었으니 어느 정도인지 상상할 수 있을 것이다.

거리 응원 및 우승 자축 열기는 상상 이상이었다. 수도 하노이의 주요 도로는 사람들로 꽉차 교통이 완전 마비됐다. 호치민, 다낭, 나트랑 등 어디를 가도 베트남 전역의 풍경은 비슷했다. 환호성과 함께 노래가 울려 퍼졌고 폭죽이 곳곳에서 터졌다. 차량과 오토바이의 경적 소리가 끊이지 않았다. 베트남 대표선수 이름이 연호됐고, '박항서'를 외치는 것도 빠지지 않았다.

많은 베트남 사람들이 박항서 감독은 베트남 민족의 우수성을 입증해주었다는 생각에 이 열기가 단순한 열기가 아니라고 이야기해주었다. 베트남은 저항의 역사이고 항상 핍박을 받는 역사에서 살아오다가 경제 개방으로 이제 조금 먹고 살게 되었지만 자신들은 '자신감, 자존감'이 부족했다고 이야기했다. 우리가 자랑스럽게 생각을 해도 해외에서 자신들을 그렇게 봐 주지 않아 자존심도 상하고 기분도 나쁜 경우가 한 두 번이 아니었다고 한다. 그런데 동남아시아에서 가장 유명한 스즈키 컵에서 우승을 하면서 인접한 태국, 인도네시아, 필리핀 등의 나라에 자신들이 위대하고 자랑스럽다고 자신 있게 이야기할 수 있게 되었다고 말해주었다.

경제 개방 후 급속한 경제발전을 이루었지만 아직도 멀고 먼 경제발전을 이뤄야한다는 생각을 가진 베트남 인들을 보면서 대한민국이 오래 전 경제발전을 이루어 자랑스럽게 생각하면서 살고 싶었을 시절을 상상해 보았다. 그 시절이 지나고 지금 대한민국은 내세울 것 없는 '흙수저'로 성공하지 못하는 사회라는 생각이 주를 이룬다. 그런데 베트남 사람들이 자신들의 속을 '뻥' 뚫어준 자존감을 만들어준 박항서 감독은 단순한 축구 감독이 아닌 존재가 되었을 것이다.
더군다나 대한민국에서도 내세울 스펙과 연줄이 없는 박항서 감독의 성공이 사람들의 속을 후련하게 해주었다. 사람들은 흙수저, 박항서를 마치 자신처럼 생각하며 응원하게 되었을 수도 있겠다고 생각이 들었다.

베트남 인들의 자신감과 오랜 역사에서 응어리를 쌓아놓았던 그들에게 속을 시원하게 해준 역사적인 사건이다. 그리고 나는 그 역사적인 순간에 베트남에서 있으면서 그 현장을 직접 보면서 다양한 감정이 교차하였다.
단순히 베트남을 여행하려다가 오랜 시간을 그들과 함께 울고 웃으면서 가까이 다가가는 생활이 여행이 아니고 그들과 함께 살고 있었던 4개월이었다. 나는 그 기억을 평생 기억할 것 같고 역사의 현장에 우연히 있었음에 감사한다.

달랏 여행 밑그림 그리기

우리는 여행으로 새로운 준비를 하거나 일탈을 꿈꾸기도 한다. 여행이 일반화되기도 했지만 아직도 여행을 두려워하는 분들이 많다. 동남아시아에서 베트남 여행자가 급증하고 있다. 그중에는 몇 년 전부터 늘어난 다낭을 비롯해 다낭을 다녀온 여행자는 나트랑과 푸꾸옥, 달랏으로 눈길을 돌리고 있다. 그러나 어떻게 여행을 해야 할지부터 걱정을 하게 된다. 아직 정확한 자료가 부족하기 때문이다. 지금부터 달랏 여행을 쉽게 한눈에 정리하는 방법을 알아보자. 달랏 여행준비는 절대 어렵지 않다. 단지 귀찮아 하지만 않으면 된다. 평소에 원하는 달랏 여행을 가기로 결정했다면, 준비를 꼼꼼하게 하는 것이 중요하다.

일단 관심이 있는 사항을 적고 일정을 짜야 한다. 처음 해외여행을 떠난다면 달랏 여행도 어떻게 준비할지 몰라 당황하게 된다. 먼저 어떻게 여행을 할지부터 결정해야 한다. 아무 것도 모르겠고 준비를 하기 싫다면 패키지여행으로 가는 것이 좋다. 달랏 여행은 주말을 포함해 3박4일, 4박5일 여행이 가장 일반적이다. 해외여행이라고 이것저것 많은 것을 보려고 하는 데 힘만 들고 남는 게 없는 여행이 될 수도 있으니 욕심을 버리고 준비하는 게 좋다. 여행은 보는 것도 중요하지만 같이 가는 여행의 일원과 같이 잊지 못할 추억을 만드는 것이 더 중요하다.

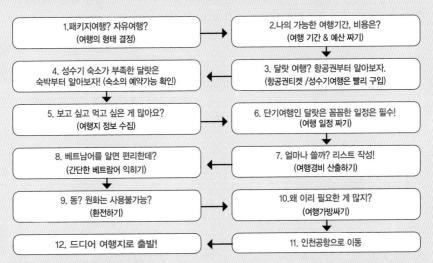

결정을 했으면 일단 항공권을 구하는 것이 가장 중요하다. 전체 여행경비에서 항공료와 숙박이 차지하는 비중이 가장 크지만 너무 몰라서 낭패를 보는 경우가 많다. 평일이 저렴하고 주말은 비쌀 수밖에 없다. 베트남 저가항공인 비엣젯 항공부터 확인하면 항공료, 숙박, 현지경비 등 편리하게 확인이 가능하다.

달랏 숙소에 대한 이해

달랏 여행이 처음이고 자유여행이면 숙소예약이 의외로 쉽지 않다. 자유여행이라면 숙소에 대한 선택권이 크지만 선택권이 오히려 난감해질 때가 있다. 달랏 숙소의 전체적인 이해를 해보자.

1. 숙소의 위치

달랏 시내에서 관광객은 유럽처럼 시내에 주요 관광지가 몰려있는 장점이 있다. 따라서 숙소의 위치가 중요하다. 베트남의 대부분의 숙소는 도시에 몰려 있기 때문에 시내에서 떨어져 있다면 이동하는 데 시간이 많이 소요되어 좋은 선택이 아니다. 먼저 시내에서 얼마나 떨어져 있는지 먼저 확인하자.

2. 숙소예약 앱의 리뷰를 확인하라.

달랏 숙소는 몇 년 전만해도 호텔과 호스텔이 전부였다. 하지만 에어비앤비를 이용한 아파트도 있고 다양한 숙박 예약 앱도 생겨났다. 가장 먼저 고려해야 하는 것은 자신의 여행비용이다. 항공권을 예약하고 남은 여행경비가 3박4일에 20만 원 정도라면 호스텔이나 저렴한 호텔을 이용하라고 추천한다. 달랏에는 많은 호스텔이 있어서 호스텔도 시설에 따라 가격이 조금 달라진다. 숙소예약 앱의 리뷰를 보고 한국인이 많이 가는 호스텔로 선택하면 선택해 문제가 되지는 않을 것이다.

3. 내부 사진을 꼭 확인

호텔의 비용은 2~15만 원 정도로 저렴한 편이다. 호텔의 비용은 우리나라 호텔보다 저렴하지만 시설이 좋지는 않다. 오래된 건물에 들어선 호텔이 아니지만 관리가 잘못된 호텔이 의외로 많다. 반드시 룸 내부의 사진을 확인하고 선택하는 것이 좋다.

4. 에어비앤비를 이용해 아파트 이용방법

시내에서 얼마나 떨어져 있는지를 확인하고 숙소에 도착해 어떻게 주인과 만날 수 있는지 전화번호와 아파트에 도착할 수 있는 방법을 정확히 알고 출발해야 한다. 아파트에 도착했어도 주인과 만나지 못해 아파트에 들어가지 못하고 1~2시간만 기다려도 화도 나고 기운도 빠지기 때문에 여행이 처음부터 쉽지 않아진다.

5. 달랏 여행에서 민박 이용방법

여행에서 민박을 이용하고 싶은 여행자는 한국인이 운영하는 민박을 찾고 싶어 하는데 민박을 찾기는 쉽지 않다. 민박보다는 호스텔이나 게스트하우스, 홈스테이에 숙박하는 것이 더 좋은 선택이다.

알아두면 좋은 달랏 이용 팁(Tip)

1. 미리 예약해도 싸지 않다.
일정이 확정되고 호텔에서 머물겠다고 생각했다면 먼저 예약해야 한다. 임박해서 예약하면 같은 기간, 같은 객실이어도 비싼 가격으로 예약을 할 수 밖에 없다는 것이 호텔 예약의 정석이지만 여행일정에 임박해서 숙소예약을 많이 하는 특성을 아는 숙박업소의 주인들은 일찍 예약한다고 미리 저렴하게 숙소를 내놓지는 않는다.

2. 취소된 숙소로 저렴하게 이용한다.
달랏에서는 숙박당일에도 숙소가 새로 나온다. 예약을 취소하여 당일에 저렴하게 나오는 숙소들이 있다. 베트남 숙소의 취소율이 의외로 높아서 잘 활용할 필요가 있다.

3. 후기를 참고하자.
호텔의 선택이 고민스러우면 숙박예약 사이트에 나온 후기를 잘 읽어본다. 특히 한국인은 까다로운 편이기에 후기도 적나라하게 숙소에 대해 평을 해놓는 편이라서 숙소의 장, 단점을 파악하기가 쉽다. 베트남 숙소는 의외로 저렴하고 내부 사진도 좋다고 생각해도 직접 머문 여행자의 후기에는 당해낼 수 없다. 호치민 여행자거리의 유명한 호스텔에 내부 사진도 좋고 가격도 저렴하게 책정되어 예약을 하고 가봤는데 지저분하고 개미가 많아 침대에 개미를 잡고서야 잠을 청했던 기억도 있다.

4. 미리 예약해도 무료 취소기간을 확인해야 한다.
미리 호텔을 예약하고 있다가 나의 여행이 취소되든지, 다른 숙소로 바꾸고 싶을 때에 무료 취소가 아니면 환불 수수료를 내야 한다. 그러면 아무리 할인을 받고 저렴하게 호텔을 구해도 절대 저렴하지 않으니 미리 확인하는 습관을 가져야 한다.

5. 방갈로에 에어컨이 없다?
베트남의 해안을 보면서 자연적 분위기에서 머물 수 있는 방갈로는 독립된 공간을 사용하여 인기가 많다. 하지만 냉장고도 없는 기본 시설만 있는 것뿐만 아니라 에어컨이 아니고 선풍기만 있는 방갈로가 의외로 많다. 가격이 저렴하다고 무턱대고 예약하지 말고 에어컨이 있는 지 확인하자. 더운 베트남에서는 에어컨이 쾌적한 여행을 하는 데에 중요하다.

숙소 예약 사이트

부킹닷컴(Booking.com)
에어비앤비와 같이 전 세계에서 가장 많이 이용하는 숙박 예약 사이트이다. 베트남에도 많은 숙박이 올라와 있다.

Booking.com
부킹닷컴
www.booking.com

에어비앤비(Airbnb)
전 세계 사람들이 집주인이 되어 숙소를 올리고 여행자는 손님이 되어 자신에게 맞는 집을 골라 숙박을 해결한다. 어디를 가나 비슷한 호텔이 아닌 현지인의 집에서 숙박을 하도록 하여 여행자들이 선호하는 숙박 공유 서비스가 되었다.

airbnb
에어비앤비
www.airbnb.co.kr

패키지여행 VS 자유여행

전 세계적으로 베트남으로 여행을 가려는 여행자가 늘어나고 있다. 최근 몇 년 동안 대한민국의 베트남 여행은 중부의 다낭과 남부의 호치민에 집중되어 있었다. 달랏에는 한국인 관광객이 줄어들었지만 전통적으로 베트남여행의 하노이와 하롱베이였다. 그래서 많이 알고 있다고 생각하지만 막상 여행을 떠나려고 하면, 고민하는 것은 여행정보는 어떻게 구하지? 라는 질문이다.

그만큼 달랏에 대한 정보가 매우 부족한 상황이다. 그래서 처음으로 달랏을 여행하는 여행자들은 패키지여행을 선호하거나 여행을 포기하는 경우가 많았다. 20~30대 여행자들이 늘어남에 따라 패키지보다 자유여행을 선호하고 있다. 하노이를 여행하고 이어서 하롱베이, 사파, 닌빈으로 여행을 다녀오는 경우도 상당히 많다. 베트남 북부만의 7~10일이나, 베트남 중, 남부까지 3주 이상의 여행 등 새로운 형태의 여행형태가 늘어나고 있다. 단 베트남 여행은 무비자로 15일까지이므로 여행 일정은 미리 확인하는 것이 좋다. 15일 이상은 비자를 받아 여행하면 된다.

편안하게 다녀오고 싶다면 패키지여행
달랏 여행을 가고 싶은데 정보가 없고 나이도 있어서 무작정 떠나는 것이 어려운 여행자들은 편안하게 다녀올 수 있는 패키지여행을 선호한다. 다만 아직까지 많이 가는 여행지는 아니다 보니 패키지 상품의 가격이 저렴하지는 않다. 여행일정과 숙소까지 다 안내하니 몸만 떠나면 된다.

연인끼리, 친구끼리, 가족여행은 자유여행 선호
2주 정도의 긴 여행이나 젊은 여행자들은 패키지여행을 선호하지 않는다. 특히 여행을 몇 번 다녀온 여행자는 달랏에서 자신이 원하는 관광지와 맛집을 찾아서 다녀오고 싶어 한다. 여행지에서 원하는 것이 바뀌고 여유롭게 이동하며 보고 싶고 먹고 싶은 것을 마음대로 찾아가는 연인, 친구, 가족의 여행은 단연 자유여행이 제격이다.

베트남은 안전한가요?

나 홀로 여행도 가능한 치안
사회주의 국가인 베트남은 동남아시아에서 가장 안전하다고 손꼽히는 치안이 좋은 국가이다. 혼자 여행하거나 여성이라도 안심하고 여행할 수 있다. 물론 관광객을 노리는 소매치기 등의 사건은 발생하지만 치안 때문에 여행하기 힘들다는 이야기는 듣기 힘들 정도이며 밤에 돌아다녀도 위험하다고 생각하지 않는 여행자가 대부분이다.

숙소의 보이는 장소에 돈을 두지 말자.
호텔이든 홈스테이든 어디에서나 돈이 될 만한 물품은 숙소의 보이는 곳에 놓지 말아야 한다. 금고가 있으면 금고에 넣어두면 되지만 금고가 없다면 여행용 캐리어에 잠금장치를 하고 두는 것이 도난사고를 방지할 수 있다. 도난 사고가 나면 5성급 호텔도 모른다고 말만 하기 때문에 자신이 직접 조심하는 것이 좋다.

슬리핑 버스에서 중요한 물품은 가지고 타야 한다.
슬리핑 버스를 타면 버스 밑에 짐을 모두 싣고 탑승을 하는 데 이때 가방이 없어지는 사고가 발생하기도 한다. 자신의 짐인지 알고 잘못 바꿔가는 사고도 있지만 대부분은 가방을 가지고 도망을 가는 도난사고이다. 중요한 귀중품은 몸에 가까이 두어야 계속 확인이 가능하다.

환전소와 ATM
베트남에서 문제가 많이 발생하는 장소는 택시와 환전에 관련한 사항이다. 오토바이를 이용한 날치기는 가끔씩 방심할 때에 발생한다. 그러므로 환전소나 ATM에서는 반드시 가방이나 주머니에 확실하게 돈을 넣어두고 좌우를 확인하고 나서 나오는 것이 좋다. 또한 중요한 짐은 몸에 지니는 것이 좋다. 가방은 날치기가 가장 쉬운 물건이다.

환전

베트남 통화는 '동(VND)'으로 1만 동이 약 532원이고 자주 환율이 조금씩 변화되고 있다. 기본 통화의 계산 단위가 1천동 이상부터 시작하는 높은 환율에 생각보다 계산이 쉽지 않다. 한국 돈으로 빠르게 환산하여 금액이 얼마인지 확인하는 것이 중요하다.

누구나 베트남 동(VND)을 원화로 환산하는 계산법은 이보다 더 좋은 방법은 없다. 베트남 물품의 금액에서 '0'을 빼고 2로 나누면 대략의 금액을 파악할 수 있다. 처음에는 어렵다고 느껴질 수도 있지만 하루만 계산을 하다보면 쉽게 알 수 있는 방법이다. 즉 계산금액이 120,000동이라면 '0'을 뺀 12,000이 되고 '÷2'를 하면 6,000원이 된다.

미국달러로 환전해 가는 관광객도 있다. 대한민국에서 미국 달러로 환전한 후 베트남 현지에 도착해 달러를 동(VND)으로 환전하는 것이 금전적으로 약간의 이득을 보기 때문이다. 은행에서 환전을 하면 주요통화가 아니라서 환율 우대를 받지 못하기 때문에 환전 금액이 크다면 미국달러로 환전을 하는 것이 좋다. 달러 환전은 환율 우대를 각 은행에서 받을 수 있고 사이버 환전을 이용하거나 각 은행의 어플리케이션을 사용하면 최대 90%까지 우대를 받을 수 있기 때문에 환전을 할 때마다 이득을 보므로 베트남에서 사용하는 금액이 크다면 달러로 반드시 환전해야 한다.

소액을 환전할 경우 원화에서 동으로 바꾸거나 원화에서 달러로 바꾸었다가 동(VND)으로 바꾸어도 큰 차이가 나는 것은 아니다. 또한 베트남 현지에서 환전이 가장 쉽고 유통이 많이 되는 100달러를 선호하기 때문에 100달러로 환전해 베트남으로 여행을 하는 것이 최선의 방법이다.

베트남 현지의 주요 관광지에서는 미국달러로도 대부분 계산이 가능하다.

> **1$의 유용성**
>
> 베트남 여행에서 호텔이나 마사지숍을 가거나 택시기사 등에게 팁을 줘야 할 때가 있다. 이때 1$를 팁으로 주면 베트남 동을 팁으로 줄 때보다 더 기쁘게 웃으면서 좋아하는 베트남 인들을 보게 된다. 그만큼 베트남에서 가장 유용하게 유통이 되는 통화는 미국달러이다.

베트남 여행경비를 모두 환전해야 하나요?

베트남에서 사용하는 여행경비는 실제로 가늠하기가 쉽지 않다. 왜냐하면 다양한 목적으로 베트남을 방문하는 관광객이 너무 많아서 그들이 사용하는 경비는 개인마다 천차만별로 달라지고 있다. 하지만 사용할 금액이 많다고 베트남 동(VND)으로 두둑하게 환전하는 것은 좋지 않다. 남아서 다시 인천공항에서 원화로 환전하면 환전 수수료 내고 재환전해야 하므로 손해이다. 그러므로 달러로 바꾸었다가 필요한 만큼 현지에서 환전하면서 사용하는 것이 최선의 방법이다.

어디에서 환전을 해야 하나요?

베트남 여행에서 환전을 어디에서 해야 하는지 질문을 하는 사람들이 많다. 베트남은 공항의 환전율이 좋지 않다. 그러므로 공항에서는 숙소까지 가는 비용이나 하루 동안 사용할 금액만 환전하고 다음날 환전소에 가서 환전을 하는 것이 좋은 방법이다.

시내의 환전소는 매우 많다. 주로 베트남 주요도시에 다 있는 롯데마트 내에 있는 환전소가 환율이 좋다. 또한 한국인들이 주로 찾는 관광지 인근이 환율을 좋게 평가해준다. 또한 환전을 하면 반드시 맞게 받았는지 그

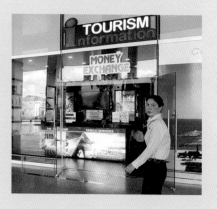

자리에서 확인을 하고 가야 한다. 시내 환전소에서 환율을 높게 쳐주었다고 고마워했는데 실제로 확인을 안했다가 적은 금액을 받았다면 아무 소용이 없을 것이다. 그런데 이런 일은 빈번하게 발생하는 소액사기의 한 방법이므로 반드시 환전하고 확인하는 습관을 갖는 것이 좋다.

ATM사용

가지고 간 여행경비를 모두 사용하면 ATM에서 현금을 인출해야 할 때가 있다. 신용카드나 체크카드 모두 출금이 가능하다. 인출하는 방법은 전 세계 어디에서나 동일하므로 현금인출기에서 영어로 언어를 바꾸고 나서 인출하면 된다. 수수료는 카드마다 다르고 금액과 상관없이 1회 인출할 때 수수료가 같이 빠져나가게 된다.

베트남에 오래 머물게 되면 적당한 금액만 환전하고 현금인출기에서 필요한 금액을 인출해 사용하는 것이 더 요긴할 때가 많다. 도난사고도 방지하고 생활하는 것처럼 아끼면서 사용하는 것이 환전이득을 보는 것보다 적게

나트랑 캄란 공항의 현금인출기ATM는 공항을 나가 정면으로 걸어가 도로가 나오면 왼쪽을 바라보면 나온다. 벽에 가려있기 때문에 찾기가 쉽지 않다.

경비를 사용할 때도 많기 때문에 장기여행자는 환전보다 인출하는 것이 좋은 방법이다.

인출하는 방법

① 카드를 ATM에 넣는다.

② 언어를 영어로 선택한다.

③ 비밀번호를 입력한다. 이때 반드시 손으로 가리고 입력해 비밀번호가 노출되지 않도록 한다. 비밀번호는 대부분 4자리를 사용하는 데 가끔 현금인출기에서 6자리를 원한다면 자신의 비밀번호 앞에 '00'을 붙여 입력하면 된다.

④ 영어로 현금인출이라는 뜻의 'Withdrawel'이나 'Cash Withdrawel'을 선택한다.

⑤ 그리고 현금 계좌인 Savings Account를 누른다.

⑥ 베트남 현지 통화인 동(VND)을 선택하게 되는 데 최대금액이 3,000,000동(VND)까지 인출할 수 있는 현금인출기가 많다. 최대 5,000,000동(VND)까지 인출하는 현금인출기도 있으므로 인출할 때 확인할 수 있다.

주의사항

현금을 인출하고 나서 나갔을 때 아침이나 어두운 저녁 이후에 소매치기를 당하지 않도록 나가기 전에 주머니나 가방에 잘 넣어서 조심히 나가는 것이 좋다. 대부분 신용카드와 통장의 계좌를 같이 사용하기 때문에 비밀번호가 노출되면 카드도용 같은 사고가 발생하고 있으므로 조심해야 한다.

심 카드(Sim Card)

베트남은 휴대폰 요금이 매우 저렴하다. 4G 심 카드^{Sim Card}를 사면 한달 동안 무제한데이터를 등록해서 사용하면 편리하다. 다 사용하면 휴대폰 매장에 가서 충전을 해달라고 하면 50,000동과 100,000동 정도를 다시 구입해 1달 정도 이상 없이 사용할 수 있다.

공항에서 심 카드^{Sim Card}를 구입하면 여권을 제시해야 한다. 이때 사기가 아닌지 걱정하는 관광객이 많은데 법으로 심 카드^{Sim Card}를 구입할 때 이용자등록을 해야 한다. 그래서 여권을 잃어버리지 않으려면 공항에서 사는 것이 가장 안전한 방법이다. 구입을 하고 나면 충전만 하면 되기 때문에 여권은 필요가 없다. 공항에서 구입하는 것이 가장 편리하고 여권을 잃어버리거나 현금을 잃어버리는 일이 없기 때문에 공항이 비싸다고 해도 공항을 이용하는 것이 현명하다.

충전을 하면 이렇게 종이로 된
입력 번호를 받고 입력하면 된다.

무제한 데이터

대한민국에서 신청을 하고 오는 관광객은 그대로 핸드폰을 켜면 무제한 데이터가 시작이 되고 문자가 자신의 핸드폰으로 발송이 되므로 이상 없이 사용할 수 있다. 예전처럼 무제한 데이터를 사용하지 않아도 많은 금액이 자신에게 피해가 되어 돌아오지 않기 때문에 걱정할 필요가 없게 되었다. 또한 하루동안 무제한 사용할 수 있는 금액이 매일 10,000원 정도였지만 하  루 동안 통신사마다 베트남에서 무제한 데이터 사용금액이 달라졌기 때문에 사전에 확인을 하고 이용하는 것이 좋다.

베트남여행 긴급 사항

베트남 내 일부 약품(감기약, 지사제 등)은 처방전이 없어도 구입이 가능하나 전문적인 치료약의 경우에는 처방전이 있어야만 구입이 가능하다. 몸이 아플 경우, 말이 잘 통하지 않는 상태에서 약국 약사의 조언만으로 약을 복용하는 것보다 가능하면 전문의의 진료를 받은 후 처방전을 받아 약을 구입 · 복용하는 것이 타국에서의 2차 질병을 예방하는 길이다.

긴급 연락처
범죄신고 : 113
화재신고 : 114
응급환자(앰뷸런스) : 115
하노이 이민국 : 04) 3934-5609
하노이 경찰서 : 04) 3942-4244
Korea Clinic : 04) 3843-7231, 04) 3734-6837
베트남-한국 치과 : 04) 3794-0471
SOS International 병원 : 04) 3934-0555(응급실), 04) 3934-0666(일반진료상담)
베트남 국제병원(프랑스 병원) : 04) 3577-1100
Family Medical Practice : 04) 3726-5222 (한국인 간호사 및 통역원 상주)

의료기관 연락처
베트남 내에서 응급환자가 생겼을 경우, 115번으로 전화하여 구급차를 부를 수 있으나 거의 대부분의 115번 전화 안내원이 베트남어 구사만 가능하기 때문에 실질적으로 외국인이 이 서비스를 이용하기에는 결코 쉬운 일이 아니다.

베트남여행 사기 유형

환전

베트남 화폐의 단위가 크기 때문에 혼동되는 것을 이용하는 사기이다. 환율을 제대로 알려주지 않고 환전을 하는 것과 제대로 금액을 확인 시켜주지 않고 환전을 하면서 대충 그냥 넘어가려고 한다. 금액을 확인하려고 하면 환전수수료(Fee)를 요청하지만 환전에는 수수료가 포함되는 것이니 환전수수료는 존재하지 않는다는 사실을 알고 정확하게 금액을 알  려달라고 똑 부러지게 이야기해야 한다. 공항에서부터 기분이 나빠지는 가장 많은 유형이 환전사기이다. 미국달러를 가지고 가서 환전해도 사기를 당하면 아무 소용이 없어진다. 은행에서 환전을 하는 것이 가장 안전하고 사설 환전소는 사람에 따라 환전사기를 하기 때문에 반드시 확인하는 습관을 길러야 한다.

택시

택시는 비나선^{Vinasun}, 마일린^{Mailin}이 모범택시에 가깝다. 공항에서 내리면 다양한 택시 회사가 있어서 타게 되면 요금이 2배로 비싸지기도 하여 조심해야 한다. 상대적으로 공항이용객이 많지 않은 하노이의 공항에서는 택시사기가 많지 않으나 조심해야 한다. 주위의 접근은 다 거절하고 택시를 타는 곳에 있는 하얀 와이셔츠와 검은 바지를 입고 마일린 택시나 마일린 잡아주는 택시를 타는 것이 안전하다.  때로는 택시 기사에 따라 소액의 사기를 당하는 경우도 있다. 공항에서 나와 시내로 이동할 때 당하는 수법으로 마일린^{Mailin}, 비나선^{Vinasun} 택시를 타면 이상이 없다고 말하지만 때로는 회사가 비나선^{Vinasun}이나 마일린^{Mailin}이라도 택시기사에 따라 달라진다.

공항에서 시내는 미터기를 이야기하면서 이상 없다고 타게 되는데 사전에 얼마의 금액이 나오는지 미리 알고 싶다고 이야기하고 확인하고 탑승을 해야 한다. 거스름돈을 주지 않는 택시기사가 대부분이므로 거스름돈을 팁Tip으로 줄려고 하지 않는다면 반드시 달라고 해야 한다.

택시 대신에 그랩^{Grab}을 이용하면 사기는 막을 수 있다. 그랩^{Grab}은 사전에 제시한 금액 이외에는 지급을 하지 않아도 되기 때문이다. 그랩^{Grab}이 반드시 택시보다 저렴하지 않으므로 택시를 정확하게 확인만 한다면 시내까지 이상 없이 이동할 수 있다. 요즈음 차량 공유 서비스인 그랩^{Grab}을 많이 사용하고 있어서 자신이 그랩^{Grab}의 기사라고 하면서 접근하는 경우도 있는데 그랩은 절대 먼저 접근하지 않는다.

빈도가 높은 유형

많이 사기를 당하는 유형은 많이 알려져 있지만 다시 한번 상기를 하는 것이 좋아 소개한다.

공항에서 내려서 짐을 들고 나오면 택시기사들이 마일린(Mailin) 명함을 보여주며, 자신이 마일린Mailin 택시기사라고 하면서 따라오라고 하는 것이다. 따라가면 공항내의 주차장에 세워진 일반 승용차에 타라고 한다. 미터기는 없으니 수상하여 거절하고 공항으로 다시 가려고 하면 짐을 빼앗아 가기도 한다. 이때는 당황하지 말고 탄다고 하면서 어떻게든 짐을 돌려받아야 한다. 짐을 받으면 그때부터 따지면서 타지 말고 공항으로 돌아가야 한다.

가장 많은 사기 유형은 미터기가 없냐고 물어보면 괜찮다고 하면서 어디까지 가느냐고 물으면서 도착지점까지 20만동에 가주겠다고 흥정을 한다. 그런데 이 흥정부터 받아주면 안 된다. 받아주는 순간부터 계속 끈질기게 다가오면서 흥정으로 마음을 빼앗으려고 계속 말을 걸어온다. 당연히 가보면 200만동을 달라고 하는 어처구니없는 일이 발생하게 된다. 안 주려고 하면 내놓으라고 억지를 쓰고 경찰을 부른다는 협박까지 하게 된다. 그러면 무서워 울며 겨자 먹기로 돈을 주는 관광객이 발생하게 된다.

최근에는 이런 사기 유형은 많이 없어지고 있다. 명함을 주는 택시기사는 없다. 그들은 명함을 위조하여 가지고 있지만 관광객이 모를 뿐이다. 그들은 택시회사의 종류별로 다 가지고 있다. 또한 차가 승용차 같다면 바로 거절하여야 하고 미터기가 없으면 거절하여야 한다.

택시비 사기 유형과 대비법

마일린Mailin, 비나선Vinasun 택시를 타도 기사가 나쁜 사람이라면 어쩔 수가 없다. 택시비를 계산하려고 지갑에서 돈을 꺼내려 하면 다른 잔돈이 없냐고 물어보면서 지갑을 낚아채 간다. 당연히 내놓으라고 소리도 치고 겁박도 하면 지갑을 되돌려 받는데, 낚아채가는 짧은 순간에 이미 돈이 일부 사라져있다.

택시기사가 전 세계의 지폐에 관심이 많다고 하면서 대한민국 화폐를 보여 달라고 하면서 친근하게 말을 거는 경우이다. 이것도 똑같이 지갑을 손에 잡는 순간, "이거야?" 하면서 지갑을 빼앗아가고, 지갑을 돌려받아 확인하면 돈이 없어지는 상황이 발생한다.

택시를 탈 때 20만 동이나 50만 동 지폐는 꺼내지 않는 것이 좋다. 편의점이나 작은 상점에서 꼭 잔돈으로 바꾸고 택시를 타야 한다. 미리 예상비용에서 5~10만 동 정도만 더 준비하여 주머니에 넣어놓고 내릴 때 요금에 맞춰서 내면 문제가 발생하지 않는다.

소매치기

이 소매치기는 전 세계 어디에서나 마찬가지인데 정말 당할 사람은 당하고, 의심이 많고 조심하면 안 당하게 되는 것 같다. 베트남에 오랜 기간 동안 머물고 있지만 한 번도 본적도 없고 당한 적도 없다. 하지만 크로스백에 필요한 물품만 들고 다니기 때문에 표적이 될 가능성이 적다. 또한 여행하는 날, 당일만 필요한 돈만 가지고 다닌다. 그래도 소매치기를 당하는 이야기를 들었기 때문에 조심하도록 알려드린다.

가장 많이 당하는 유형은 그랩Grab의 오토바이를 타고 이동하는 중에 배 앞에 놓인 가방을 노리고 오토바이로 다가와 갑자기 손으로 낚아채 가는 것으로 호치민이나 하노이 같은 대형도시에서 많이 일어난다. 아니면 길을 건널 때 다가와서 갑자기 가방의 팔을 치고 빠르게 달아난다. 소매치기를 시도해도 당하지 않으려면 소매치기가 가방을 움켜쥐어도 몸에서 떨어지지 않도록 대비하는 것이 유일한 방법이다. 요즈음은 가방도 잘 안 들고 다니는데 없는 게 더 안전한 방법일 것이다.

옆으로 메는 크로스백(Cross Bag)
끈을 잘라서 훔쳐간다. 벤탄 시장 같은 큰 시장의 많은 사람들이 몰리는 곳은 한번 들어갔다가 나오면 열려있는 주머니를 발견할 수도 있다.

뒤로 메는 백팩(Back Pack)
제일 당하기 쉬워서 시장에서 신나게 흥정을 하고 있을 때에 표적이 된다. 뒤에서 조심조심 물건을 빼가는 데 휴대폰이나 패드, 스마트폰이 표적이 된다. 사람이 많이 몰리는 곳에서는 백팩은 앞으로 매고 다니는 것이 좋다. 백팩은 버스 같은 대중교통을 이용할 때에 많이 당하게 된다. 버스를 타고 내릴 때 지갑만 없어져 버리기도 한다.

허리에 메는 전대
허리에 메고 다니는 전대는 베트남 사람들은 전혀 안하는 스타일의 가방이라서 많이 쳐다보게 된다. 허리에 있으나 역시 사람들이 많이 있으면 허리에 있는 전대는 보이지 않으므로 소매치기의 표적이 된다.

도로, 길

대한민국처럼 핸드폰을 보면서 길을 걸으면 사고위험도 높아지고 소매치기의 좋은 타깃이 된다. 길에서 핸드폰의 사용은 자제하고 꼭 봐야한다면 도로의 안쪽에서 두 손으로 꼭 잡고 하는 것이 안전하다. 특히 대도시의 작은 골목에서 사진을 남기고 싶은 마음에 사진을 찍다가 핸드폰을 소매치기에게 빼앗긴 관광객이 많다. 그러면 카메라를 쓰면 소매치기의 표적이 안 되느냐 하면 그것도 아니다. 정겨운 골목길의 사진을 찍고 싶은 마음에 사람이 없는 골목으로 들어가서 사진을 찍고 있으면 골목 어디에선가 갑자기 오토바이가 '부응~~~'하고 다가와서 핸드폰을 채고 가버린다. 그러니 항상 조심하도록 하자. 현지인들이 사는 골목에 외국인 관광객이 들어가면 그들도 이상하여 쳐다보게 된다. 또한 소매치기가 어디에서인가 주시하고 있다.

핸드폰은 카페의 안에 앉아 사용하거나 사진을 찍고 싶으면 혼자가 아닌 2명이상 같이 다녀서 표적이 되지 않도록 조심해야 하고 도로를 걷고 있으면 휴대폰은 안쪽으로 들고 있거나 휴대폰을 안쪽에서 보도록 조심해야 한다. 또한 오토바이 소리가 난다 싶으면 핸드폰을 꼭 잡고 조심하도록 해야 한다.

인력거인 '릭샤Rickshaw'를 타고 가다가 기념하고 싶어서 긴 셀카봉에 핸드폰을 달아서 셀카를 찍고 있으면 인력거 밖에서 오토바이를 타고 셀카봉을 채가는 일이 최근에 많이 발생하고 있다.

카메라

최근에는 핸드폰으로 많이 사진을 찍기 때문에 빈도는 높지 않다. 커다란 카메라를 목에 걸고 다니는 관광객이 표적이 된다. 베트남 소매치기는 목에 걸고 다니든 허리에 걸고 다니든 상관을 안 한다.

오토바이로 채가면서 목에 걸고 있는 카메라를 빼앗기는 상황에서 넘어지게 되는데 카메라 줄에 목이 졸리게 되든지 다른 오토바이에 치이든지 상관을 안 하게 되므로 사고의 위험이 높다.

목에 걸고 있으면 위험하다. 사진을 찍고 나서 가방에 잘 넣어놔야 한다. 삼각대를 사용해 사진을 찍는 관광객은 대도시의 관광지에서는 삼각대에 놓는 순간 사라질 수 있다는 사실을 알고 조심해야 한다.

베트남 여행의 주의사항과 대처방법

로컬 시장
시장이 활기차고 흥정하는 맛도 있어서
시장을 선호하는 관광객도 많다. 시장에
서는 늘 돈을 분산해서 가지고 다니는 것
이 안전하다. 베트남사람들 앞에서 돈의
액수가 얼마나 있는지 보여 주는 것은 좋
지 않다. 의심이라고 할 수도 있지만 문
제가 발생하기 때문에 어쩔 수가 없다.
시장을 갈 일이 생기면 예상되는 이동거

리의 왕복 택시비를 주머니에 넣고 혹시 모르는 택시비의 추가 경비로 10만동정도를 가지
고 시장에서 쓸 돈은 주머니에 넣는다. 지폐는 손에 들고 다녀도 된다.

레스토랑 / 식당
음식점에서 음식값이 다르게 계산되는
일은 빈번히 일어난다. 가장 빈번한 유형
은 내가 주문하지 않은 음식이 청구되어
계산서에 금액이 올라서 놀라는 것이다.
2,000동 정도이면 물수건 사용금액이고,
10,000동이면 테이블위에 있는 서비스로
된 땅콩 등이 청구되는 것이지만 계산서
에는 150,000~200,000동 정도가 추가되

어 있는 것이다. 그러므로 계산을 할때는 반드시 나가기 전에 확인을 하고 하나하나 확인
하는 것이 유일한 대비법이다.
다른 관광객은 "뭐 그렇게 따지나?"하고 생각할 수 있지만 당하지 않으면 기분이 나쁜 것
을 모른다. 그러므로 반드시 확인해야 한다. 베트남에 오랜 시간 동안 있었지만 이것은 오
래있던지 처음이던지 상관없이 어디에서나 일어나는 일이고 베트남 사람들도 반드시 계
산할 때에 확인하는 습관이 있다는 사실을 알고 있다면 일일이 따지는 것은 문제가 되지
않는 행동이며 당연하게 확인해야 하는 습관이다.
레스토랑이 고급이던지 아니던지 상관없이 당당하게 과다청구 하는 경우는 흔하다. 만약
영수증이 베트남어로 되어 있다면 확인은 어렵지만 일일이 물어보면 확인할 수 있다.
베트남은 해산물 음식이 저렴하지 않다. 관광객은 동남아 국가이기 때문에 막연하게 해산
물이 저렴하다고 생각하지만 저렴하지 않기 때문에 청구되는 음식가격도 만만치 않은 금
액이 된다. 가격을 확인하지 않고 주문하면 계산서에 나오는 금액은 폭탄맞은 상황이 될
수 있어서 주문할 때도 확인을 하면서 해산물을 주문하는 것이 좋다. 늘 주문하기 전에 가
격을 확인하는 습관이 필요하다.

팁(TIP) 문화

원래부터 베트남에 팁TIP문화가 있었던 것은 아니지만, 최근에 해외 관광객의 증가로 인해 차츰 팁을 주는 분위기가 생겨나고 있다. 호텔이나 고급 레스토랑 등에서 일하는 종업원들은 손님으로부터 약간의 팁을 받는 것을 기대하고 있다. 그럴 때 팁 금액이 크지 않으므로 적당하게 팁을 주는 것이 더 좋은 서비스를 받을

수 있는 방법이기도 하다. 팁TIP 금액은 호텔 포터는 10,000~20,000동, 침실 청소원은 10,000~20,000동, 고급 레스토랑은 음식가격의 5%이내 정도이다.

신용카드

해외에서 여행을 하면 해외에서도 사용이 가능한 비자와 마스터 카드 등을 가지고 온다. 베트남에서 유명한 호텔이나 롯데마트 등에서 비자카드 사용은 괜찮다. 그런데 이중결제가 되는 경우가 은근이 많다. 어제, 결제했는데 갑자기 오늘 또 결제된 문자가 날아오는 경우도 있다. 수상한 문자가 계속 오기 때문에 기분이 찜찜한 것은 어쩔 수 없다. 레스토랑에서 신용카드로 결제하고 이중결제가 된 경험 이후에는 반드시 현금으로 결제를 하는 습관이 생겼다. 음식 가격이 부족하다면 인근의 ATM에서 현금인출을 하고 현금으로 주게 된다.

그랩(Grab)

그랩Grab은 동남아시아 여행에서 반드시 필요한 어플이다. 차량 공유서비스인 그랩Grab으로 위치와 금액을 확인하고, 확인된 기사와 타면 된다. 간혹 관광지에서 그랩Grab의 기사를 찾는 것이 택시기사 찾는 것 보다 힘든 경우가 있지만 대부분의 상황에서 그랩Grab은 편리한 이동 서비스이다.

가끔 이동하는 장소까지 택시를 타려고 하면, "지금 시간이 막히는 시간이라 2배 이상의 가격을 달라"는 것은 베트남에서 현지인에게도 흔하게 발생하는 일이다. 그래서 "안탄다." 하고 내리면 흥정을 하면서 타라고 하는 경우가 흔하다. 그래서 현지인들도 그랩Grab을 상당히 많이 이용하고 있다. 꼭 택시를 타야 하는 상황이 아니면 그랩Grab 오토바이도 나쁘지 않다. 그랩Grab으로 아르바이트를 하는 학생들도 있어서 택시보다 잘 잡힌다. 그랩Grab 어플에 결제수단으로 카드를 등록해놓는 데 비양심적인 기사가 가격을 부풀려서 결제해버리는 경우가 있다. 그래서 반드시 현금으로 결제를 하는 것이 좋은 방법이다.

버스 이동 간 거리와 시간(Time Table)

베트남은 남북으로 길게 해안을 따라 이어진 국토를 가지고 있어서 북부의 하노이^{Hanoi}와 남부의 호치민^{Ho Chi Minh}은 역사적으로나 문화적으로 다른 특징을 가지고 있었다. 프랑스의 식민지가 되면서 베트남이라는 나라로 형성되면서 현대 베트남의 기초가 만들어졌다. 호치민이 베트남전쟁을 통해 남북을 통일하면서 하나의 베트남이 탄생하게 되었다.

베트남 전체를 여행을 하려면 남북으로 길게 이어진 도시들을 한꺼번에 여행하기는 쉽지 않다. 그래서 베트남 도시들은 북부의 하노이^{Hanoi}, 중부의 다낭^{Da Nang}, 중남부의 나트랑^{Nha Trang}, 남부의 호치민^{Ho Chi Minh}이 거점도시가 된다. 이 도시들은 기본 도시로 약12시간이상 소요되는 도시들로 베트남의 대도시라고 할 수 있다. 중간의 작은 도시들이 4~8시간을 단위로 묶여서 하루 동안 많은 버스들이 오고 가고 있다.

북부의 하노이^{Hanoi}를 거점도시로 하여 사파로 이동하면서 1박2일로 트레킹을 다녀오고 하롱베이^{Halong Bay}는 1일 투어나 1박2일 투어로 다녀온다. 닌빈^{Nin Binh}까지 다녀오고 싶다면 하노이에서 하롱베이^{Halong Ba}를 거쳐 하이퐁^{Haipong}, 닌빈^{Nin Binh}까지 이어지는 코스로 계획을 하면 된다.

각 도시를 연결하는 버스들은 현재 4개 회사가 운행 중이지만 넘쳐나는 베트남 관광객으로 실제로는 더 많은 버스회사들이 운행을 하고 있다. 호치민에서 달랏, 무이네과 나트랑에서 무이네, 달랏까지는 매시간 다양한 버스회사의 코치버스가 운행을 하고 있다.

베트남의 각 도시를 이어주는 코치버스는 일반적으로 앉아서 가는 버스도 있지만 이동거리가 길어서 누워서 가는 슬리핑 버스가 대부분이다. 예전에는 앉아서 가는 버스도 많았지만 점차 슬리핑버스로 대체되고 있는 상황이다.

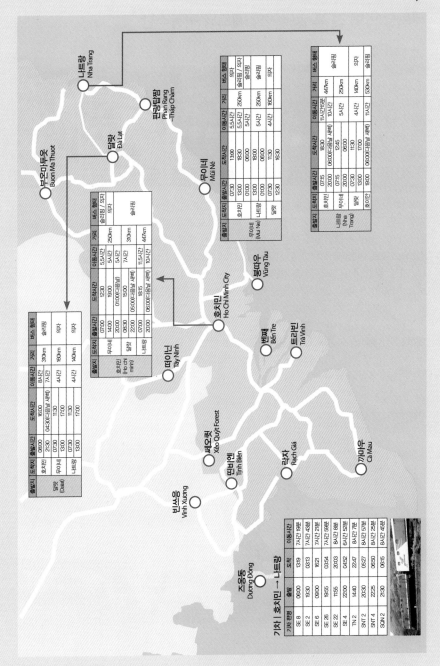

달랏 (Đà Lạt) 출발

출발지	도착지	출발시간	도착시간	이동시간	거리	버스 형태
달랏 (Dalat)	호치민	0800	1600	8시간	310km	슬리핑
	호치민	2130	04:30(다음날 새벽)	7시간		슬리핑
	무이네	0730	1130	4시간	160km	의자
	냐트랑	1300	1700	4시간	140km	의자

호치민 (Ho Chi Minh City) 출발

출발지	도착지	출발시간	도착시간	이동시간	거리	버스 형태
호치민 (Ho Chi Minh)	무이네	0700	1230	5.5시간	250km	슬리핑 / 의자
	무이네	1400	1900	5시간	250km	의자
	달랏	0800	1500	7시간	310km	슬리핑
	달랏	2200	01:00(다음날 새벽)	7시간		슬리핑
	냐트랑	0700	1815	11.5시간	447km	의자
	냐트랑	2000	06:00(다음날 새벽)	10시간	447km	슬리핑

무이네 (Mũi Né) 출발

출발지	도착지	출발시간	도착시간	이동시간	거리	버스 형태
무이네 (Mũi Né)	호치민	0730	1300	5.5시간	250km	슬리핑 / 의자
	호치민	1300	1830	5.5시간	250km	슬리핑 / 의자
	달랏	0100	0600	5시간	250km	슬리핑
	냐트랑	1300	1800	5시간	250km	슬리핑
	판랑	0100	0600		160km	의자
	판랑	0730	1130	4시간		의자
	판랑	1200	1630			

나트랑 (Nha Trang) 출발

출발지	도착지	출발시간	도착시간	이동시간	거리	버스 형태
나트랑 (Nha Trang)	호치민	0715	1830	11시간15분	447km	슬리핑
	무이네	0715	1245	10시간	250km	슬리핑 / 의자
	무이네	2000	0600	5시간	250km	슬리핑
	달랏	0730	1130	4시간	140km	의자
	호이안	1300	1700	11시간	530km	슬리핑
	호이안	1900	06:00(다음날 새벽)			슬리핑

기차 | 호치민 → 나트랑

기차 편명	출발	도착	이동시간
SE 8	0600	1319	7시간 19분
SE 2	1930	0313	7시간 43분
SE 6	0900	1621	7시간 21분
SE 26	1955	0354	7시간 59분
SE 22	1155	2003	8시간 8분
SE 4	2200	0452	6시간 52분
TN 2	1440	2247	8시간 7분
SNT 2	2030	0527	8시간 57분
SNT 4	2225	0650	8시간 25분
SQN 2	2130	0615	8시간 45분

베트남 여행 전 꼭 알아야할 베트남 이동수단

베트남이 지금과 같
은 교통 체계를 갖추
기 시작한 시기는 프
랑스 식민지 시대부
터였다. 수확한 농산
물을 운송해 해안으
로 가지고 가기 위한
목적이었다. 하지만

베트남 전쟁으로 파괴된 교통 체계는 이후에 재건하고 근대화하였다. 지금, 가장 대중적인
교통수단은 도로 운송이며, 도로망도 남북으로 도로가 만들어지면서 활성화되었다. 도시
간 이동에 일반 시외버스와 오픈 투어 버스Open tour bus를 이용할 수 있다.
철도는 새로 만들지 못하고 단선으로 총길이 2,347㎞에 이르는 옛 철도망을 사용하고 있
다. 가장 길고 주된 노선은 호치민과 하노이를 연결하는 길이 1,726㎞의 남북선이다. 철도
로는 이웃한 중국과도 연결되어 중국과의 무역에 활용되고 있다.

베트남에서 최근 여행에 많이 활용되고 있는 방법이 항공이다. 하노이, 다낭, 나트랑, 호치
민, 달랏, 푸꾸옥을 기점으로 공항에 활성화되고 있다. 특히 유럽의 배낭 여행자들은 항공
을 적극 활용하고 있다.

베트남 여행에서 도시 간 이동에서 이용하는 도로 교통수단으로 일반 시외버스와 여행사의 오픈 투어 버스Open tour bus가 있다. 일반 시외버스는 낡은 데다 시간도 오래 걸리기 때문에 장거리 이동이 불편하다. 베트남에서 '오픈 투어Open tour', '오픈 데이트 티켓Open Date Ticket', '오픈 티켓Open Ticket'이라는 단어를 들을 수 있는데, 이것은 저렴한 예산으로 여행하려는 외국인 여행자를 대상으로 하여 제공되는 '오픈 투어 버스'로 여행자들은 '슬리핑 버스'라고 부르고 있다. 그 이유는 버스에는 에어컨이 갖추어져 있고 거의 누운 상태에서 야간에 잠을 자면서 이동하는 버스이기 때문이다. 호치민 시와 하노이 사이를 운행하며 사람들은 도중에 주요 도시에서 타고 내릴 수 있다. 경쟁이 치열하여 요금이 많이 내려간 상태여서 실제로, 가장 저렴한 교통수단이다.

베트남 도시와 도시를 연결하는 슬리핑 버스

하노이, 다낭, 나트랑, 호치민은 베트남의 여행을 하기 위한 거점 도시이다. 각 버스 회사들이 각 도시를 연결하고 있다. 북, 중, 남부의 대표적인 도시마다 각 도시를 여행을 하기 위해 버스를 타고 이동을 하는 데 저녁에 탑승해 다음날 아침 6~7시에 다음 도시에 도착하게 된다. 예를 들어 하노이에서 18~19시에 숙소로 픽업을 온 가이드의 인솔을 받아, 어딘가로 차를 타고 가서 큰 코치버스를 탑승하게 된다. 이 버스를 타고 이동하면 다낭에 아침에 도착한다. 그러므로 베트남 전체를 모두 여행을 하려면 버스에 대해 확실하게 알고 출발하는 것이 좋다. 이렇게 버스를 야간에 자면서 간다고 해서 '슬리핑 버스Sleeping Bus'라고 부른다.

슬리핑버스라서 야간 이동만 생각할 수 있는데 최근에는 도시 간 이동하는 버스는 대부분 슬리핑 버스형태로 동일하다. 오전이나 오후에 4~5시간 이동하는 버스도 슬리핑 버스와 동일하기 때문에 도시 간 이동을 하는 버스는 모두 슬리핑 버스라고 알고 있는 것이 낫다.

버스를 예약하는 방법은 여행사를 통해 예약하거나 숙소에서 예약을 해달라고 하면 연결된 버스회사에 예약을 해주는 것이 가장 일반적인 방법이다. 버스를 예약하는 방법은 원래 각 버스회사의 홈페이지를 통해 온라인 예약을 하거나 전화로 예약, 직접 버스회사의 사무실을 찾아가면 된다.  버스 티켓을 구입하면 버스티켓은 노선 명, 탑승시간, 소요시간 등이 기재되어 있다.

베트남 여행자들에게 유명한 버스 회사는 신 투어리스트 Shin Tourist, 풍짱 버스 Futa Bus, 탐한 버스 Tam Hanh Bus 등이 있다. 각 버스마다 노선마다 운행하고 있는 버스가 모두 다르므로 여행 전에 차량 정보를 미리 확인하는 게 안전하다. 각 버스회사마다 예약을 하는 방법이 조금씩 차이가 있다. 슬리핑 버스가 출발하면 3시간 정도마다 휴게소에 들리게 된다. 이때 내려서 화장실에 가거나 저녁을 먹도록 시간을 배정한다. 보통 10시간 정도 이동한다면 2~3번의 휴게소에 들리게 된다.

슬리핑 버스 타는 방법

1. 좌석이 버스티켓에 적혀 있는 경우도 있고 좌석을 현지에서 바로 알려주는 경우도 있다. 그러므로 좌석을 확인하고 탑승해야 한다.

2. 자신의 여행용 가방은 짐칸에 먼저 싣기 때문에 사전에 안전하게 실렸는지 확인하고 탑승해야 한다. 간혹 없어졌다는 문제가 발생하기도 한다.

3. 베트남의 슬리핑버스는 신발을 벗고 타야 한다. 비닐봉지를 받아서 신발을 넣고 자신의 좌석으로 이동한다.

4. 버스 내부는 각각의 독립된 캡슐처럼 좌석이 배치되어 있으며, 침대칸으로 편하게 누워서 이동이 가능하다. 한 줄에 3개의 좌석이 있는 데 가운데 좌석은 답답하므로 창가좌석이 좋다. 인터넷으로 예약을 하면 좌석을 지정할 수 있으므로 바깥 풍경을 보면서 이동하는 게 조금 편하게 이동하는 방법이다.

5. 좌석은 1층과 2층이 있는데 2층보다는 1층이 흔들림이 적어 편하고 때로 멀미가 심한 사람들에게는 멀미가 덜하다. 연인이나 부부, 가족일 때는 사전에 좌석을 지정하거나 탑승하면서 이야기를 하여 앞뒤보다는 양옆자리로 배치해 서로 보면서 이동하는 것이 좋다.

6. 와이파이는 무료로 되지만 와이파이가 약하기 때문에 기대를 안 하는 것이 낫다.

버스 회사의 양대 산맥

풍짱 버스(Futa Bus)

1992년에 설립되어 운행하고 있는 버스 회사로 최근에 도시 간 이동편수를 가장 많이 늘리고 있다. 그래서 풍짱 버스는 시간표가 촘촘하게 잘 연결되어있는 편이다. 배차되는 버스가 많다보니 좌석이 여유가 있는 편이므로 급하게 도시를 이동하려는 버스는 구하려면 추천한다. 주말이나 공휴일 같은 특수한 경우가 아니라면 당일 예약이 가능하다.

풍짱 버스는 인터넷으로 예약이 가능하고 선착순으로 버스회사에서 표를 구할 수 있다. 풍짱 버스 예약사이트에서 예약과 결제를 진행하고 나서 바우처를 지참해 풍짱 버스 사무실에 가서 버스티켓으로 교환하면 된다.

주의사항
1. 1시간 정도의 여유를 가지고 출력한 표로 티켓을 교환해야 한다.
2. 셔틀 버스로 터미널로 이동하나 2시간 전에 이동하므로 개인적으로 시간에 맞추어 이동하는 경우도 있다.

풍짱 버스(https://futabus.vn) 예약하는 방법

1. 출발지(Origin)와 목적지(Destination)를 선택한다.

2. 예약날짜와 티켓수량을 선택한 후 [Book Now]를 클릭한다.

3. 출발 시간(Departure time)과 픽업 장소(Pickup point)를 선택한다.

4. 예약을 하면 바우처가 메일로 오고, 그 바우처를 가지고 풍짱 버스 사무실로 가게 된다. 그래서 픽업장소에서 탑승해 가지 않고 개인적으로 이동하는 경우도 많다.

5. 좌석을 선택한다. 멀미가 심한 편이면 FLOOR 1 중 가능하면 앞 좌석으로 선택하는 것이 가장 좋다. 좌석 선택을 마치면 [Next]를 클릭한다.

6. 개인정보를 입력한다. 별표로 표시된 필수 입력칸만 채우면 된다. 이름, 이메일, 핸드폰 번호를 적는데, 본인 핸드폰을 로밍해서 간다면 +82-10-XXXX-XXXX로 적어주면 된다. Billing Country, Billing City, Billing Address는 자신의 한국주소를 영문으로 적는다. 대충 간단하게 기입해도 상관없다 정책동의 체크표시를 한 후 [Next]를 클릭한다.

7. 카드 종류를 선택하고, [Pay Now]를 클릭한다. 가끔 결제를 할 때 에러가 발생할 수도 있으므로 확인한다. 영어로 변경할 경우에 에러가 발생하는 경우에는 베트남어로 변경 후 다시 처음부터 결제 단계를 진행해야 한다.

8. 카드상세정보를 입력한다.

9. [Payment]를 클릭하면 풍짱 버스 온라인 예매가 끝이 난다. 10분 정도 지나면 이메일로 바우처가 날아온다. 인쇄를 하거나 핸드폰 화면에서 캡쳐를 해 놓으면 된다.

신 투어리스트(Shin Tourist)

베트남 버스 회사 중 가장 대표적인 회사라고 할 수 있다. 베트남 여행 산업의 신화라고 불리며 도시 간 이동에서 두각을 나타내는 버스회사로, 베트남뿐만 아니라 동남아시아에 여러 사무소가 있다. 또한 각 도시마다 즐길 수 있는 당일 투어를 신청할 수 있다.

온/오프라인 모두 버스 티켓을 구입할 수 있다. 가장 큰 장점은 버스 티켓을 구입하면 버스 출발까지 남은 시간에 사무실에서 짐을 보관해 주기 때문에 빈 시간을 활용할 수 있다.

3대 버스 회사는 신 투어리스트Shin Tourist, 풍짱 버스Futa Bus, 탐한 버스Tam Hanh Bus 등이지만 3대 버스 회사 외에 한 카페, Cuc Tour, Queen Cafe 등의 다양한 버스회사가 현재 운행 중이다.

신 투어리스트(Shin Tourist) 예약하는 방법(www.thesinhtourist.vn)

홈페이지에 접속한다. 홈페이지의 언어가 베트남어로 표시된다면 우측 상단의 영국 국기를 클릭해서 영문으로 변경한다.
1. 메뉴에서 [TRANSPORTATION 〉 Bus Tickets] 을 클릭한다.
2. 버스 시간표가 나오면 [Search] 버튼을 누른다.
3. 원하는 시간대에 [Add to Cart] → [Proceed]를 클릭한다.
4. 'Checkout as Guest'에서 [Continue]를 클릭한다.
5. 예약정보를 입력하고 [Accept] → 약관에 동의를 하고 [Confirm]을 클릭한다.
6. 신용카드 정보를 입력하고 [Process Payment]를 클릭하면 끝이 난다.

예약이 완료되면 이메일로 [E-ticket]이 오게 된다. 바우처를 사무실에서 실제 티켓으로 교환을 하는데, 간혹 결제 시 사용했던 카드를 함께 보여 달라는 경우도 있으니 카드를 챙기는 게 좋다.

베트남 도로 횡단 방법 / 도로 규칙

베트남에서는 횡단보도를 건너는 것보다 무단횡단을 하는 모습이 일반적이다. 그래서 처음 베트남 여행을 하는 관광객들은 항상 어떻게 도로를 건널지 고민을 하게 된다. 도로 규정이 명확하지 않은 것 같으므로 붐비는 거리를 건널 때에는 지나가는 오토바이와 차를 조심해야 한다.

호치민이나 하노이에 사는 사람들은 모르지만 호이안Hoian이나 푸꾸옥Nha Trang의 작은 도시에 사는 사람들도 호치민 같은 대도시로 여행을 간다면 조심하라는 이야기를 할 정도이니 해외의 관광객이 걱정하는 것은 당연하다. 무질서의 대명사처럼 느껴지는 오토바이의 물결이 처음에는 낯설고 무서운 존재일 수 있다. 그렇지만 이 무질서에도 나름의 규칙이 있고 무단횡단도 방법이 있고 주의사항도 있다.

도로 횡단하기(절대 후퇴는 없다.)

베트남 여행에서 도로를 횡단하는 것이 처음 여행하는 관광객에게는 무섭기도 하고 걱정되기도 한다. 가장 먼저 하지 말아야 하는 행동은 절대 뒤로 물러서면 안 된다는 것이다. 가끔 되돌아오는 여행자가 있는 데, 이때 사고가 나게 된다. 오토바이는 속도가 있어서 어느새 자신에게 다가와 있는 데 갑자기 뒤로 돌아오면 오토바이도 대처를 할 수 없게 된다. 이때 오토바이와 부딪치는 사고가 발생한다.

> 도로 건너기
> 1. 처음 도로로 나가는 방법은 약간의 거리를 두고 다가오는 오토바이가 있을 때에 도로로 내려와 무단 횡단을 한다.
> 2. 앞으로 나아갈 수 없다면 그 자리에 서 있으면 오토바이들은 알아서 피해간다.
> 3. 오토바이가 내 앞에 없다면 앞으로 나아간다. 오토바이가 오는 방향을 보고 빈 공간이 생기게 되므로 이때 앞으로 나아가면 횡단할 수 있다.

도로 운행

1. 2차선

왕복 2차선에는 오토바이든 자동차이든 같이 지나
갈 수밖에 없다. 오토바이가 도로를 질주하다가 자
동차가 지나가려면 경적을 울린다. 이 때 오토바이
는 도로 한 구석으로 이동하면 자동차가 지나간다.

2. 4차선 이상

일방도로가 2차선 이상이 되면 다른 규칙이 있다.
1차선에는 속도가 느린 자동차가 다니는 것처럼 속
도가 느린 오토바이가 다닌다. 2차선에는 속도가 빠
른 자동차가 다닌다. 오토바이가 2차선을 달리고 있
는 상태에서 자동차가 다가오면 경적을 울려 오토
바이가 1차선으로 이동하도록 알려주게 된다. 때로
오토바이가 2차선으로 속도를 빠르게 가려면 손을
올려 차선 변경을 한다는 사실을 알려주게 된다. 자
동차가 차선을 이동하려면 깜박이를 올려 알려주는
것과 동일한 방법이다.

3. 회전교차로

호치민이나 하노이의 출, 퇴근시간이 되면 회전교
차로의 수많은 오토바이의 물결에 깜짝 놀라게 된
다. 그리고 이 회전교차로에서 사고가 나는 경우가
많다. 회전교차로에는 차선이 그려져 있지만 오토
바이가 많으므로 차선은 무의미하다.

도로 횡단 주의사항

비가 올 때 도로 횡단은 조심해야 한다. 비가 오면 도로가 미끄럽고 오토바이를 운전하는 운전자가 오토바이를 통제하지 못하는 상황이 발생하기 쉽다. 핸들을 좌우로 자주 움직이지 않는 자동차와 다르게 핸들을 자주 움직이는 오토바이는 비가 오면 타이어가 미끄러지는 상황이 자주 발생하고 사고도 많아지게 된다. 그러므로 도로를 횡단하는 사람을 봐도 오토바이가 통제가 되지 않을 상황이 발생하므로 조심하면서 건너야 한다.

버스 타는 방법

소도시에는 작은 버스라서 버스문도 하나이기 때문에 탑승과 하차가 동일한 문에서 이루어진다. 하지만 대도시에는 큰 버스들이 운행을 하고 있다. 버스는 우리가 타는 것처럼 앞문으로 탑승하여, 뒷문으로 내리는 구조와 동일하다.

탑승할 때 버스비를 내고 탑승하는 데 작은 버스는 먼저 탑승을 하고 나서 차장이 다가와 버스비를 걷어간다. 이때 버스비는 과도하게 받는 경우가 많아서 다른 사람들이 내는 것을 보고 있다가 버스비의 가격을 대략 가늠할 필요가 있다. 일반적으로 6,000~18,000동까지 버스비 금액의 차이가 크므로 확인하는 것이 좋다.

달랏(Đà Lạt)의 개발 역사

프랑스 식민지 정부시절, 세계적으로 유명한 탐험가인 알렉산드르예르생의 제안에 따라 휴양지로 개발되었다. 20세기 유럽양식의 많은 건축물과 온화한 기후, 아름다운 자연 풍경과 문화유산이 잘 조화를 이루고 있다.

과거 베트남이 프랑스 식민통치를 받던 시절, 달랏Đà Lạt은 프랑스인들의 휴양지로 개발되었기 때문에 베트남의 유럽이라는 이미지에 걸맞게 프랑스식 빌라가 많이 들어서 있다. 주요 명소 대부분이 유럽의 분위기와 연관이 있다. 쑤언흐엉 호수, 사랑의 골짜기, 응우웬 왕조 바오다이 황제의 여름 별장, 폭포 등이 있다.

달랏(Đà Lạt)의 풍경

뜨거운 햇빛과 덥고 습한 기온을 가진 동남아시아의 다른 나라, 여러 도시와 확연하게 차이가 나는 베트남 남부의 희귀한 도시로 통하는 바로 베트남 럼동Lâm Đồng의 럼비엔Lâm Viên 고원에 위치한 달랏Đà Lạt이 그 주인공이다.

베트남 달랏Đà Lạt은 해발 1,500m 고도에 위치하고 있어 베트남에서 시원한 곳을 찾는다면 모두가 달랏Đà Lạt을 손꼽는다. 그만큼 휴양지로 유명하며, 이미 수많은 여행자들 사이에서 베트남의 유럽으로도 유명하다. 온 도시가 꽃과 소나무, 그리고 1,000개가 넘는 프랑스 식민지 시대 양식의 빌라들로 가득하다.

달랏 한 달 살기

솔직한 한 달 살기

요즈음, 마음에 꼭 드는 여행지를 발견하면 자꾸 '한 달만 살아보고 싶다'는 이야기를 많이 듣는다. 그만큼 한 달 살기로 오랜 시간 동안 해외에서 여유롭게 머물고 싶어 하기 때문이다. 직장생활이든 학교생활이든 일상에서 한 발짝 떨어져 새로운 곳에서 여유로운 일상을 꿈꾸기 때문일 것이다.

최근에는 한 달, 혹은 그 이상의 기간 동안 여행지에 머물며 현지인처럼 일상을 즐기는 '한 달 살기'가 여행의 새로운 트렌드로 자리잡아가고 있다. 천천히 흘러가는 시간 속에서 진정한 여유를 만끽하려고 한다. 그러면서 한 달 동안 생활해야 하므로 저렴한 물가와 주위

에 다양한 즐길 거리가 있는 동남아시아의 많은 도시들이 한 달 살기의 주요 지역으로 주목 받고 있다. 한 달 살기의 가장 큰 장점은 짧은 여행에서는 느낄 수 없었던 색다른 매력을 발견할 수 있다는 것이다.

사실 한 달 살기로 책을 쓰겠다는 생각을 몇 년 전부터 했지만 마음이 따라가지 못했다. 우리의 일반적인 여행이 짧은 기간 동안 자신이 가진 금전 안에서 최대한 관광지를 보면서 많은 경험을 하는 것을 하는 것이 자유여행의 패턴이었다. 하지만 한 달 살기는 확실한 '소확행'을 실천하는 행복을 추구하는 것처럼 보였다. 많은 것을 보지 않아도 느리게 현지의 생활을 알아가는 스스로 만족을 원하는 여행이므로 좋아 보였다. 내가 원하는 장소에서 하루하루를 즐기면서 살아가는 문화와 경험을 즐기는 것은 좋은 여행방식이다.

하지만 많은 도시에서 한 달 살기를 해본 결과 한 달 살기라는 장기 여행의 주제만 있어서 일반적으로 하는 여행은 그대로 두고 시간만 장기로 늘린 여행이 아닌 것인지 의문이 들었다. 현지인들이 가는 식당을 가는 것이 아니고 블로그에 나온 맛집을 찾아가서 사진을 찍고 SNS에 올리는 것은 의문을 가지게 만들었다. 현지인처럼 살아가는 것이 아니라 풍족하게 살고 싶은 것이 한 달 살기인가라는 생각이 강하게 들었다.

현지인과의 교감은 없고 맛집 탐방과 SNS에 자랑하듯이 올리는
여행의 새로운 패턴인가, 그냥 새로운 장기 여행을 하는 여행자일 뿐이 아닌가?

현지인들의 생활을 직접 그들과 살아가겠다고 마음을 먹고 살아도 현지인이 되기는 힘들다. 여행과 현지에서의 삶은 다르기 때문이다. 단순히 한 달 살기를 하겠다고 해서 그들을 알 수도 없는 것은 동일할 수도 있다. 그래서 한 달 살기가 끝이 나면 언제든 돌아갈 수 있다는 것은 생활이 아닌 여행자만의 대단한 기회이다. 그래서 한동안 한 달 살기가 마치 현지인의 문화를 배운다는 것은 거짓말로 느껴졌다.

시간이 지나면서 다시 생각을 해보았다. 어떻게 여행을 하든지 각자의 여행이 스스로에게 행복한 생각을 가지게 한다면 그 여행은 성공한 것이다. 그것을 배낭을 들고 현지인들과 교감을 나누면서 배워가고 느낀다고 한 달 살기가 패키지여행이나 관광지를 돌아다니는 여행보다 우월하지도 않다. 한 달 살기를 즐기는 주체인 자신이 행복감을 느끼는 것이 핵심이라고 결론에 도달했다.

요즈음은 휴식, 모험, 현지인 사귀기, 현지 문화체험 등으로 하나의 여행 주제를 정하고 여행지를 선정하여 해외에서 한 달 살기를 해보면 좋다. 맛집에서 사진 찍는 것을 즐기는 것으로도 한 달 살기는 좋은 선택이 된다. 일상적인 삶에서 벗어나 낯선 여행지에서 오랫동안 소소하게 행복을 느낄 수 있는 한 달 동안 여행을 즐기면서 자신을 돌아보는 것이 한 달 살기의 핵심인 것 같다.

떠나기 전에 자신에게 물어보자!

한 달 살기 여행을 떠나야겠다는 마음이 의외로 간절한 사람들이 많다. 그 마음만 있다면 앞으로의 여행 준비는 그리 어렵지 않다. 천천히 따라가면서 생각해 보고 실행에 옮겨보자.

내가 장기간 떠나려는 목적은 무엇인가?

여행을 떠나면서 배낭여행을 갈 것인지, 패키지여행을 떠날 것인지 결정하는 것은 중요하다. 하물며 장기간 한 달을 해외에서 생활하기 위해서는 목적이 무엇인지 생각해 보는 것이 중요하다. 일을 함에 있어서도 목적을 정하는 것이 계획을 세우는데 가장 기초가 될 것이다.

한 달 살기도 어떤 목적으로 여행을 가는지 분명히 결정해야 질문에 대한 답을 찾을 수 있다. 아무리 아무 것도 하지 않고 지내고 싶다고 할지라도 1중일 이상 아무것도 하지 않고 집에서만 머물 수도 없는 일이다.

동남아시아는 휴양, 다양한 엑티비티, 무엇이든 배우기(어학, 요가, 요리 등), 나의 로망여행지에서 살아보기, 내 아이와 함께 해외에서 보내보기 등등 다양하다.

목표를 과다하게 설정하지 않기

아이들과 같이 해외에서 산다고 한 달 동안 어학을 목표로 하기에는 다소 무리가 있다. 무언가 성과를 얻기에는 짧은 시간이기 때문이다. 1주일은 해외에서 사는 것에 익숙해지고 2~3주에 어학을 배우고 4주차에는 돌아올 준비를 하기 때문에 4주 동안이 아니고 2주 정도이다. 하지만 해외에서 좋은 경험을 해볼 수 있고, 친구를 만들 수 있다. 이렇듯 한 달 살기도 다양한 목적이 있으므로 목적을 생각하면 한 달 살기 준비의 반은 결정되었다고 생각할 수도 있다.

여행지와 여행 시기 정하기

한 달 살기의 목적이 결정되면 가고 싶
은 한 달 살기 여행지와 여행 시기를 정
해야 한다. 목적에 부합하는 여행지를
선정하고 나서 여행지의 날씨와 자신의
시간을 고려해 여행 시기를 결정한다.
여행지도 성수기와 비수기가 있기에 한
달 살기에서는 여행지와 여행시기의 틀
이 결정되어야 세부적인 예산을 정할
수 있다.

여행지를 선정할 때 대부분은 안전하고 날씨가 좋은 동남아시아 중에 선택한다. 예산을 고
려하면 항공권 비용과 숙소, 생활비가 크게 부담이 되지 않는 태국의 방콕, 치앙마이, 끄라
비와 베트남의 호이안, 달랏, 말레이시아의 쿠알라룸푸르, 페낭이나 랑카위, 인도네시아의
발리, 라오스의 루앙프라방 등 중에서 선택하게 된다.

한 달 살기의 예산정하기

누구나 여행을 하면 예산이 가장 중
요하지만 한 달 살기는 오랜 기간을
여행하는 거라 특히 예산의 사용이
중요하다. 돈이 있어야 장기간 문제가
없이 먹고 자고 한 달 살기를 할 수
있기 때문이다.

한 달 살기는 한 달 동안 한 장소에서 체류하므로 자신이 가진 적정한 예산을 확인하고, 그
예산 안에서 숙소와 한 달 동안의 의식주를 해결해야 한다. 여행의 목적이 정해지면 여행
을 할 예산을 결정하는 것은 의외로 어렵지 않다. 또한 여행에서는 항상 변수가 존재하므
로 반드시 비상금도 따로 준비를 해 두어야 만약의 상황에 대비를 할 수 있다. 대부분의 사
람들이 한 달 살기 이후의 삶도 있기에 자신이 가지고 있는 예산을 초과해서 무리한 계획
을 세우지 않는 것이 중요하다.

세부적으로 확인할 사항

1. 나의 여행스타일에 맞는 숙소형태를 결정하자.

지금 여행을 하면서 느끼는 숙소의 종류는 참으로 다양하다. 호텔, 민박, 호스텔, 게스트하우스가 대세를 이루던 2000년대 중반까지의 여행에서 최근에는 에어비앤비Airbnb나 부킹닷컴, 호텔스닷컴 등까지 더해지면서 한 달 살기를 하는 장기여행자를 위한 숙소의 폭이 넓어졌다.

숙박을 할 수 있는 도시로의 장기 여행자라면 에어비앤비Airbnb보다 더 저렴한 가격에 방이나 원룸(스튜디오)을 빌려서 거실과 주방을 나누어서 사용하기도 한다. 방학 시즌에 맞추게 되면 방학동안 해당 도시로 역으로 여행하는 현지 거주자들의 집을 1~2달 동안 빌려서 사용할 수도 있다. 그러므로 자신의 한 달 살기를 위한 스타일과 목적을 고려해 먼저 숙소형태를 결정하는 것이 좋다.

무조건 수영장이 딸린 콘도 같은 건물에 원룸으로 한 달 이상을 렌트하는 것만이 좋은 방법은 아니다. 혼자서 지내는 '나 홀로 여행'에 저렴한 배낭여행으로 한 달을 살겠다면 호스텔이나 게스트하우스에서 한 달 동안 지내는 것이 나을 수도 있다. 최근에는 아파트인데 혼자서 지내는 작은 원룸 형태의 아파트에 주방을 공유할 수 있는 곳을 예약하면 장기 투숙 할인도 받고 식비를 아낄 수 있도록 제공하는 곳도 생겨났다. 아이가 있는 가족이 여행하는 것이라면 안전을 최우선으로 장기할인 혜택을 주는 콘도를 선택하면 낫다.

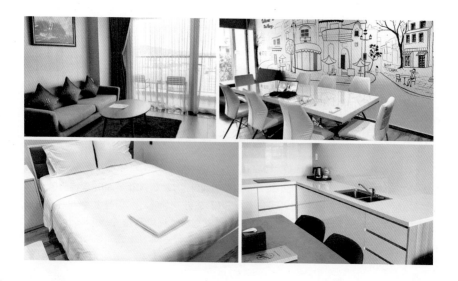

2. 한 달 살기 도시를 선정하자.

어떤 숙소에서 지낼 지 결정했다면 한 달 살기 하고자 하는 근처와 도시의 관광지를 살펴보는 것이 좋다. 자신의 취향을 고려하여 도시의 중심에서 머물지, 한가로운 외곽에서 머물면서 대중교통을 이용해 이동할지 결정한다.

3. 숙소를 예약하자.

숙소 형태와 도시를 결정하면 숙소를 예약해야 한다. 발품을 팔아 자신이 살 아파트나 원룸 같은 곳을 결정하는 것처럼 한 달 살기를 할 장소를 직접 가볼 수는 없다. 대신에 손품을 팔아 인터넷 카페나 SNS를 통해 숙소를 확인하고 숙박 앱을 통해 숙소를 예약하거나 인터넷 카페 등을 통해 예약한다. 최근에는 호텔 숙박 앱에서 장기 숙소를 확인하기도 쉬워졌고 다양하다. 앱마다 쿠폰이나 장기간 이용을 하면 할인혜택이 있으므로 검색해 비교해보면 유용하다.

장기 숙박에 유용한 앱

각 호텔 앱
호텔 공식 사이트나 호텔의 앱에서 패키지 상품을 선택 할 경우 예약 사이트를 이용하면 저렴하게 이용할 수 있다.

인터넷 카페
각 도시마다 인터넷 카페를 검색하여 카페에서 숙소를 확인할 수 있는 숙소의 정보를 확인할 수 있다.

에어비앤비(Airbnb)
개인들이 숙소를 제공하기 때문에 안전한지에 대해 항상 문제는 있지만 장기여행 숙소를 알리는 데 일조했다. 가장 손쉽게 접근할 수 있는 사이트로 빨리 예약할수록 저렴한 가격에 슈퍼호스트의 방을 예약할 수 있다.

호텔스컴바인, 호텔스닷컴, 부킹닷컴 등
다양하지만 비슷한 숙소를 검색할 수 있는 기능과 할인율을 제공하고 있다.

호텔스닷컴
동남아시아에서 숙소의 할인율이 높다고 알려져 있지만 장기간 숙박은 다를 수 있으므로 비교해 보는 것이 좋다.

4. 숙소 근처를 알아본다.

지도를 보면서 자신이 한 달 동안 있어야 할 지역의 위치를 파악해 본다. 관광지의 위치, 자신이 생활을 할 곳의 맛집이나 커피숍 등을 최소 몇 곳만이라도 알고 있는 것이 필요하다.

한 달 살기는 삶의 미니멀리즘이다.

요즈음 한 달 살기가 늘어나면서 뜨는 여행의 방식이 아니라 하나의 여행 트렌드로 자리를 잡고 있다. 한 달 살기는 다시 말해 장기여행을 한 도시에서 머물면서 새로운 곳에서 삶을 살아보는 것이다. 삶에 지치거나 지루해지고 권태로울 때 새로운 곳에서 쉽게 다시 삶을 살아보는 것이다. 즉 지금까지의 인생을 돌아보면서 작게 자신을 돌아보고 한 달 후 일상으로 돌아와 인생을 잘 살아보려는 행동의 방식일 수 있다.

삶을 작게 만들어 새로 살아보고 일상에서 필요한 것도 한 달만 살기 위해 짐을 줄여야 하며, 새로운 곳에서 새로운 사람들과의 만남을 통해서 작게나마 자신을 돌아보는 미니멀리즘인 곳이다. 집 안의 불필요한 짐을 줄이고 단조롭게 만드는 미니멀리즘이 여행으로 들어와 새로운 여행이 아닌 작은 삶을 떼어내 새로운 장소로 옮겨와 살아보면서 현재 익숙해진 삶을 돌아보게 된다.

 다른 사람들과 만나고 새로운 일상이 펼쳐지면서 새로운 일들이 생겨나고 새로운 일들은 예전과 다르게 어떻다는 생각을 하게 되면 왜 그때는 그렇게 행동을 했을 지 생각을 해보게 된다. 한 달 살기에서는 일을 하지 않으니 자신을 새로운 삶에서 생각해보는 시간이 늘어나게 된다.

그래서 부담없이 지내야 하기 때문에 물가가 저렴해 생활에 지장이 없어야 하고 위험을 느끼지 않으면서 지내야 편안해지기 때문에 안전한 치앙마이나 베트남, 인도네시아 발리를 선호하게 된다.

외국인에게 개방된 나라가 새로운 만남이 많으므로 외국인에게 적대감이 없는 태국이나, 한국인에게 호감을 가지고 있는 베트남이 선택되게 된다.

새로운 음식도 매일 먹어야 하므로 내가 매일 먹는 음식과 크게 동떨어지기보다 비슷한 곳이 편안하다. 또한 대한민국의 음식들을 마음만 먹는 다면 쉽고 간편하게 먹을 수 있는 곳이 더 선호될 수 있다.

삶을 단조롭게 살아가기 위해서 바쁘게 돌아가는 대도시보다 소도시를 선호하게 되고 현대적인 도시보다는 옛 정취가 남아있는 그늘한 분위기의 도시를 선호하게 된다. 그러면서도 쉽게 맛있는 음식을 다양하게 먹을 수 있는 식도락이 있는 도시를 선호하게 된다.

그렇게 한 달 살기에서 가장 핫하게 선택된 도시는 치앙마이와 호이안이 많다. 그리고 인도네시아 발리의 우붓이 그 다음이다. 위에서 언급한 저렴한 물가, 안전한 치안, 한국인에 대한 호감도, 한국인에게 맞는 음식 등이 가진 중요한 선택사항이다.

달랏(Đà Lạt)에서 한 달 살기

달랏Đà Lạt은 현재 대한민국 여행자에게 생소한 도시이다. 베트남에서 달랏Đà Lạt은 고지대에 있어 1년 내내 봄이나 가을 날씨를 가지고 있기 때문에 휴양지로 인기가 높은 도시이다. 베트남의 휴양지는 달랏Đà Lạt과 푸꾸옥을 말하기 때문에 달랏Đà Lạt은 베트남 사람들이 여행을 가고 싶어 하는 도시이다. 유럽의 여행자들이 달랏Đà Lạt에 오래 머물면서 선선한 날씨와 유럽 같은 도시 분위기에 매력을 느낄 수 있다. 달랏Đà Lạt의 레스토랑은 전 세계 국적의 요리 경연장이라고 할 정도로 다양한 나라의 요리를 먹고 즐길 수 있어 식도락의 선도적인 역할을 하고 있다. 베트남에서 한 달 살기의 유형이 대도시인 호치민이나 중부의 한적한 호이안Hoi An, 남부의 나트랑Nha Trang에서 머물렀다. 하지만 요즘은 점점 많은 장기여행자들이 달랏을 찾고 있다.

베트남은 현재 늘어나는 단기여행자 뿐만 아니라 장기여행자들이 모이는 나라로 변화하고 있다. 경제가 성장하면서 여행의 편리성도 높아지면서 태국의 치앙마이 못지않은 한 달 살기로 이름을 날리고 있다. 여유를 가지고 생각하는 한 달 살기의 여행방식은 많은 여행자가 경험하고 있는 새로운 여행방식인데 그 중심으로 달랏Đà Lạt이 변화하고 있다.

장점

1. 유럽 커피의 맛

달랏^{Đà Lạt}은 1년 내내 선선한 날씨를 가진 베트남에서 유일한 도시이다. 그래서 베트남의 신혼 여행지이자 휴양지로 알려져 있다. 다른 도시에서는 베트남 커피 한잔의 여유를 즐겼다면 달랏^{Đà Lạt}에서는 유럽 커피의 맛을 즐기는 순간이 다가온다.

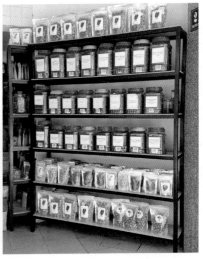

2. 색다른 관광 인프라

달랏^{Đà Lạt}은 베트남의 다른 도시에서 느끼는 해변의 즐거움이나 베트남만의 관광 인프라를 가지고 있지는 않다. 프랑스 식민지 시절에 휴양지로 개발한 도시이기 때문에 모든 도시의 분위기를 유럽을 본따 만들어져 있어 색다른 관광 컨텐츠가 풍부하다.

해변에서 즐기는 여가가 아니라 새로운 관광 인프라를 가지고 있다. 캐녀닝이나 크레이지 하우스 같은 달랏^{Đà Lạt}만의 관광 인프라는 베트남의 다른 도시에서는 즐길 수 없는 것들이다.

3. 접근성

나트랑^{Nha Trang}에서 3~4시간, 호치민에서 4~5시간이면 달랏에 도착할 수 있다. 또한 인천공항에서 달랏^{Đà Lạt}으로 향하는 직항이 개설되어 달랏은 이제 접근성이 높은 도시로 탈바꿈하고 있다. 만약에 달랏^{Đà Lạt}이 가기 힘든 도시였다면 달랏은 지금의 '베트남의 휴양지'라는 별명을 가지지 못했을 것이다.

4. 유럽 문화

베트남은 경제성장을 매년 7%이상 10년이 넘도록 하고 있는 고성장 국가이다. 베트남 사람들도 경제 성장을 바탕으로 새로운 문화의 유입을 바라고 있다. 그런데 해외여행에 제한이 많은 베트남 사람들이 새로운 유럽 문화를 받아들이는 베트남 유일한 도시가 달랏^{Đà Lạt}이므로 점점 달랏^{Đà Lạt}의 인기는 높아지고 있다.

5. 다양한 국가의 음식

달랏^{Đà Lạt}에는 한국 음식을 하는 식당들이 많지 않다. 나트랑^{Nha Trang}이나 다낭^{Da Nang}에는 많은 한국 음식점이 있지만 달랏^{Đà Lạt}에는 많지 않다. 그나마 한국 문화를 접한 사람들이 만든 음식점이다.

가끔은 한국 음식을 먹고 싶을 때가 있지만 달랏^{Đà Lạt}에서는 쉽지 않다. 하지만 전 세계의 음식을 접할 수 있는 레스토랑이 즐비하다. 그래서 달랏^{Đà Lạt}에서는 베트남 음식을 즐기는 것이 아니라 전 세계의 음식을 즐기는 여행자가 많다.

단 점

베트남 여행의 장점 중에 하나가 저렴한 물가이다. 하지만 달랏은 베트남의 다른 도시보다 접근성이 떨어지므로 물가는 베트남의 다른 도시보다 상대적으로 높은 편이다. 그래서 베트남 음식을 즐기는 여행자보다는 다양한 국가의 음식을 즐겨도 비싸다는 인식이 생기지 않는다. 특히 피자나 스테이크, 프랑스 음식을 즐길 수 있는 다양한 레스토랑이 있다. 다양한 국가의 요리를 합리적인 가격으로 즐겼다는 생각 때문에 여행자들이 느끼는 만족도도 높다.

베트남 달랏 한 달 살기 비용

달랏은 베트남의 호치민에 비하면 물가가 저렴한 곳이다. 하지만 저렴하다고 하여 100만 원으로 호화생활을 할 수 있을 정도로 여행경비가 저렴하다고 생각하면 오산이다. 물론 저렴하기는 하지만 '너무 싸다'는 생각은 금물이다.

저렴하다는 생각만으로 한 달 살기를 왔다면 실망할 가능성이 높다. 여행을 계획하고 실행에 옮기면 가장 많이 돈이 들어가는 부분은 항공권과 숙소비용이다. 또한 여행기간 동안 사용할 식비와 택시나 그랩Grab 같은 교통수단의 비용이 가장 일반적이다. 달랏에서 직접 한 달 살기를 기반으로 한 달 살기의 비용을 파악했다.

항목	내용	경비
항공권	달랏으로 이동하는 항공권이 필요하다. 항공사, 조건, 시기에 따라 다양한 가격이 나온다.	약 29~44만 원
숙소	한 달 살기는 대부분 아파트 같은 혼자서 지낼 수 있는 숙소가 필요하다. 홈스테이부터 숙소들을 부킹닷컴이나 에어비앤비 등의 사이트에서 찾을 수 있다. 2~3일의 숙소만 예약하고 달랏에 와서 직접 숙소를 보면서 결정하는 것도 추천한다. 숙소의 상태는 가격에 따라 많이 다르므로 자신의 숙소비를 확인하고 결정해야 한다.	한 달 약 350,000~ 1,000,000원
식비	아파트 같은 숙소를 이용하려는 이유는 식사를 숙소에서 만들어 먹으려는 하기 때문이다. 저렴한 달랏이지만 한국 음식만으로 지내려고 한다면 대한민국에서 식사비가 거의 비슷하다. 마트에서 장을 보면 물가는 저렴하다는 것을 알 수 있다.	한 달 약 200,000~400,000원
교통비	베트남의 각 도시에서 오토바이를 렌트해서 다닐 수도 있지만 대부분의 여행자는 택시나 그랩을 이용해서 지낸다. 주말에 근교를 여행하려면 추가 교통비가 필요하다.	교통비 100,000~150,000원
TOTAL		95~200만 원

118

경험의 시대, 한 달 살기

소유보다 경험이 중요해졌다. "라이프 스트리머Life Streamer"라고 하여 인생도 그렇게 산다. 스트리밍 할 수 있는 나의 경험이 중요하다. 삶의 가치를 소유에 두는 것이 아니라 경험에 두기 때문이다.

예전의 여행은 한번 나가서 누구에게 자랑하는 도구 중의 하나였다. 그런데 세상은 바뀌어 원하기만 하면 누구나 해외여행을 떠날 수 있는 세상이 되었다. 여행도 풍요 속에서 어디를 갈지 고를 것인가가 굉장히 중요한 세상이 되었다. 나의 선택이 중요해지고 내가 어떤 가치관을 가지고 여행을 떠나느냐가 중요해졌다.

개개인의 욕구를 충족시켜주기 위해서는 개개인을 위한 맞춤형 기술이 주가 되고, 사람들은 개개인에게 최적화된 형태로 첨단기술과 개인이 하고 싶은 경험이 연결될 것이다. 경험에서 가장 하고 싶어 하는 것은 여행이다. 그러므로 여행을 도와주는 각종 여행의 기술과 정보가 늘어나고 생활화 될 것이다.

세상을 둘러싼 이야기, 공간, 느낌, 경험, 당신이 여행하는 곳에 관한 경험을 제공한다. 당신이 여행지를 돌아다닐 때 자신이 아는 것들에 대한 것만 보이는 경향이 있다. 그런데 가끔씩 새로운 것들이 보이기 시작한다. 이때부터 내 안의 호기심이 발동되면서 나 안의 호기심을 발산시키면서 여행이 재미있고 다시 일상으로 돌아올 나를 달라지게 만든다. 나를 찾아가는 공간이 바뀌면 내가 달라진다. 내가 새로운 공간에 적응해야 하기 때문이다. 여행은 새로운 공간으로 나를 이동하여 새로운 경험을 느끼게 해준다. 그러면서 우연한 만남을 기대하게 하는 만들어주는 것이 여행이다.

당신이 만약 여행지를 가면 현지인들을 볼 수 있고 단지 보는 것만으로도 그들의 취향이 당신의 취향과 같을지 다를지를 생각할 수 있다. 세계는 서로 조화되고 당신이 그걸 봤을 때 "나는 이곳을 여행하고 싶어 아니면 다른 여행지를 가고 싶어"라고 생각할 수 있다. 여행지에 가면 세상을 알고 싶고 이야기를 알고 싶은 유혹에 빠지는 마음이 더 강해진다. 우리는 적절한 때에 적절한 여행지를 가서 볼 필요가 있다. 만약 적절한 시기에 적절한 여행지를 만난다면 사람의 인생이 달라질 수도 있다.

여행지에서는 누구든 세상에 깊이 빠져들게 될 것이다. 전 세계 모든 여행지는 사람과 문화를 공유하는 기능이 있다. 누구나 여행지를 갈 수 있다. 막을 수가 없다. 누구나 와서 어떤 여행지든 느끼고 갈 수 있다는 것, 여행하고 나서 자신의 생각을 바꿀 수 있다는 것이 중요하다. 그래서 여행은 건강하게 살아가도록 유지하는 데 필수적이다. 여행지는 여행자에게 나눠주는 로컬만의 문화가 핵심이다.

베트남 친구 사귀기

베트남이 친근해지고 베트남 여행을 가는 사람들이 늘어나면서 베트남 친구를 만들고 싶다는 이야기를 많이 한다. 게다가 박항서 감독의 활약으로 베트남 사람들도 한국인에 대해 친근하고 호기심이 많아졌다. 중국인에 대해 이야기하면 싫다는 표정을 해도 한국인에 대해 이야기를 꺼내면 "박항서!" 하면서 친근감을 나타내고 있는 것이 사실이다.

하지만 이들과 친구가 되려면 현지에서 그들과의 관계 관리가 매우 중요하다. 친근하게 처음에 다가간다고 바로 친구가 되는 것이 아니다. 그들과 진정성 있는 신뢰 관계를 구축해야 좋은 친구를 만들 수 있기 때문이다.

베트남에서 장기적으로 친구가 되는 5가지 방법을 소개한다.

1. 친구는 단기전이 아닌 장기전이다

누구나 관계는 다른 관계와 마찬가지로 시간과 노력이 필요하다. 중요한 것은 원하는 것만 얻기 위해 당신을 만난다는 느낌이 아닌 당신과 오랫동안 좋은 관계를 만들고 싶다는 진심을 전해야 한다.

서로간의 목표는 다른 것 같지만 사실은 같다. 베트남 사람과 대한민국 사람 양쪽 모두 진심을 가지고 대해야 하는 목표가 있어야 한다.

그들과 친해지기 위한 장기적인 관계 형성이 되어야 한다. 처음에 서로 호감을 나타내며 이야기를 나누어도 이해하려는 노력을 보이지 않으면 관심은 이내 식어진다.

이들은 영어를 배우려는 노력을 보인다. 우리처럼 영어가 시험성적으로 중요하기 때문에 영어에 서툰 사람들도 많지만 배우려는 노력은 대단하다. 그래서 서로 서툰 영어를 사용해도 금방 친해질 수 있다.

또한 커피가 생활화된 베트남 사람들은 처음에는 커피 약속을 잡는 것으로 시작하여 장기적으로는 여러 번의 만남을 통해 이야기를 나누고, 페이스북이나 현지인의 카카오톡이라고 부르는 잘로Zalo같은 소셜 미디어(SNS)에서 커뮤니케이션을 해야 한다.

2. 먼저 다가가 소통하자.

대한민국 사람들이 베트남 사람들을 만나다 보
면 이들이 위생적으로 더럽다며 친해지기를 꺼
리는 사람들을 만날 때가 있다.

이럴 때일수록 그들이 어떤 환경에서 살고 있
는지 먼저 다가가 소통해야 한다. 용기가 없는
사람들은 좋은 친구 관계에 성공하기도 어렵다.
조금 꺼려져도 괜찮다고 생각하고 약간의 꺼려
짐만 극복한다면 친구의 문은 더 넓어진다.

먼저 그들에게 같이 밥을 먹자고 이야기하거나, 커피를 마시자고 한다거나, 축구 경기를
같이 맥주를 마시며 보자고 한다거나, 맥주 한잔 하자고 이야기해보자. 이들은 "왜"라는 물
음보다 "그래, 좋아"라는 이야기를 더 많이 하는 순수한 사람들이 많다.

3. 진정성을 담아 마음으로 소통하자.

사람과 사람과의 관계에서는 지나치게 이해타산을 따지게 되면 마음으로 관계를 맺는 것
이 아니고 사무적으로 관계를 맺게 된다. 그들과의 관계에서도 마찬가지이다. 매번 그들과
의 만남을 새로운 기회로 삼는다면 친구인척 지금 당장 이야기는 해줄 수도 있지만, 장기
적으로 정말 친구인지를 이들도 생각하게 된다. 나의 호의를 무시했다는 생각을 하면 돌아
서는 것은 인지상정이다.

좋은 친구가 되기 위해 협력함으로써 진정성 있는 친구 관계를 구축할 수 있다. 나에게 요
즘 어떤 베트남 이야기를 기획하고 있는지 캐묻는 데 나는 베트남에서 무엇을 기획하고 장
기적으로 머물고 있지 않다. 이들과 생활하면서 순수한 진정성에 감동해 오래 머무는 것
뿐이다. 진정성 있는 관계는 이해타산적이거나 영업과 같이 느껴져서는 안 된다.

4. SNS에서 소통하라.

베트남에서는 페이스북이 일반화되어 항상 자신이 쓴 페이스북의 이야기에의 '좋아요'를 클릭해주는 것을 좋아한다. 그러므로 이를 도와주는 것도 친해질 수 있는 하나의 방법이다. 소셜네트워크서비스(SNS)를 팔로우하는 것도 그들과 장기적으로 소통하는 방법이다.

5. 대면 관계가 중요하다.

전화, SNS 등으로 진실한 관계를 형성하는 것은 한계가 있다. 모임 또는 커피 약속 등 대면 관계를 통한 만남은 더 강한 유대감을 형성한다.

처음 만남에는 호감이 형성될 수 있도록 노력해야 한다. 만남 시 누군가의 신뢰를 얻을 수 있는 좋은 방법의 하나는 자기 자신에 대해서 솔직하게 이야기하는 것이다. 살면서 있었던 재미있는 사건에 관해서 이야기하는 것도 좋다. 그러나 주의해야 할 점은 상대방이 흥미로워하는 주제나 상대방이 중요하게 생각하는 가치관에서 너무 벗어나서는 안 된다는 점이다. 호치민에 대해 이야기하거나 공산주의에 대해 이야기하는 것은 주제에서 벗어난 것이다. 진정성만큼이나 신뢰감을 주는 태도는 없다.

달랏(Da Lat) 여행에서
꼭 찾아가야 할 관광지

Best 9

달랏(Da Lat) 시장

달랏 시장은 달랏의 중심에 위치하여 한번은 찾게 되는 시장이다. 베트남에서 구하기 힘든 차, 말린 과일과 잼 등 달랏 만의 다양한 물건을 저렴하게 구입할 수 있는 재미가 있다. 또한 야간에도 시장이 운영되기 때문에 야시장까지 즐길 수 있다.

주소_ Số 10 Phan Bội Châu, Phường 1, Đà Lạt

쑤언 흐엉(Xuân Hương) 호수

달랏^{Đà Lạt} 시장의 밑에 위치한 쑤언 흐엉^{Xuân Hương} 호수는 달랏의 중심에 있는 큰 호수로 달랏 시민들이 휴식을 취하는 장소이다. 고지대에 위치해 시원한 바람이 불어오는 아름다운 쑤언 흐엉 호수는 일출과 일몰 때 찾으면 더 아름답다.

주소_ Phường 1, Đà Lạt

바오 다이 궁전(Bảo Đại Dinh III)

바오 다이 궁Bảo Đại Dinh III는 베트남 응우옌 왕조의 마지막 제13대 황제이자 베트남 제국의 황제를 말한다. 바오 다이 궁Bảo Đại Dinh III은 프랑스 식민지 기간 때 지어졌기 때문에 프랑스식 건물이며 내부에는 왕이 사용했던 것들이 그대로 보존되어 있다.

주소_ 1 Đường Triệu Việt Vương, Phường 4, Đà Lạt **입장료**_ 20,000동

달랏(Da Lat)기차역

프랑스 식민시절에 만들어진 오래된 기차역은 유럽 정취의 분위기를 풍기고 있다. 베트남 사람들은 동양에서 가장 아름다운 기차역이라고 생각한다. 그래서 베트남 사람들이 달랏Đà Lạt에 온다면 반드시 찾는 곳이고, 유럽의 관광객들도 찾는 유명 관광지가 되었다.

주소_ số 1 Quang Trung, Đà Lạt

달랏(Da Lat) 꽃 정원

달랏Đà Lạt은 꽃들의 도시라고 불러요. 그래서 달랏에 꽃을 보러 가지 않으면 후회할 거예요! 4월을 대표하는 달랏Đà Lạt의 꽃은 해바라기, 라벤더, 수국이 아름답다.

주소_ Đường Trần Quốc Toản, Phường 8, Đà Lạt

니콜라스 바리 성당(Nhà thờ Con Gà)

달랏Đà Lạt에서 1931년에 건축된 47m 높이의 종탑을 가진 가장 크고 유명한 성당이다. 로만 건축양식으로 지은 곳이라 어디서 보든 아름답다.

주소_ 15 Đường Trần Phú, Phường 3, Đà Lạt

랑비앙 산(Lang Biang)

달랏 시내에서 약 12㎞ 정도 떨어져 있으며, 해발 2,167m로 달랏의 시내와 계곡을 볼 수 있어서 "달랏의 지붕"으로 불리는 곳이다. 랑비앙 산에 오르는 방법은 2가지로 직접 걸어가는 것과 지프차를 타고 오르는 것이다. 직접 걸으면 7~8㎞ 정도 걸어가야 하고, 약 90분 정도 소요된다.

주소_ Lạc Dương, Lâm Đồng

다딴라 폭포

달랏 시내에서 7㎞ 거리로 가까운 곳에 위치해 이동이 쉽다. 1988년 문화재로 지정되어 하이킹, 래펠링, 캐녀닝 등으로 유명하다. 20m높이의 크고 작은 폭포가 1~5폭포까지 협곡처럼 이어져 있다.

주소_ Deo Prenn, Phuong 3

크레이지 하우스

'베트남의 가우디'라는 별명을 얻은 베트남 총리의 딸 '당 비엣 응아'가 기존의 건축양식을 파괴하고 숲속의 이미지를 형상화하여 지은 집이다. 기괴하고 자연을 응용한 구조로 지은 건축물로 마치 동화 속 궁전 같다고 한다. 관광객의 흥미를 고조시키는 달랏Dalat의 명물로 자리잡았다.

DALAT

달랏

달랏 IN

달랏Đà Lạt은 2019년부터 한국에 본격적으로 이름을 알리기 시작한 베트남 휴양지다. 비엣젯 항공에서 인천~달랏 노선은 주 4회 운항되고 있다.

인천국제공항에서 새벽 12시 30분에 출발하여 달랏에 오전 5시 50분에 도착하며, 돌아오는 항공편은 달랏Đà Lạt에서 오후 5시 10분에 출발하여 인천국제공항에 오후 11시 55분에 도착한다. 2020년부터 더욱 많은 항공사들이 달랏Đà Lạt에 취항을 할 예정이어서 달랏Đà Lạt 여행은 더욱 편리해질 것이다.

베트남 남부에 위치한 달랏Đà Lạt은 호치민에서 북동쪽으로 약 305㎞ 떨어져 있고 버스로 6시간 30분 정도, 나트랑Nga Trang에서는 약 190㎞, 차로 약 3~4시간 정도, 무이네Mui Ne에서 버스로 151㎞, 4~5시간 정도면 도달할 수 있어서 여행자는 다양한 도시에서 달랏Đà Lạt으로 이동한다. 베트남 여행 중, 달랏으로 가는 방법은 아주 간단하다. 호치민Ho Chi Minh, 다낭Danang, 그리고 나트랑Nga Trang과 같은 도시에서 버스를 이용하면 된다.

달랏Đà Lạt으로 가는 길은 매끄럽지 못하다. 주로 산길을 이용하기 때문에 조금은 불편할 수도 있다. 혹여 날씨가 좋지 않은 날에 달랏Đà Lạt으로 가는 버스를 탄다면, '모험'이 될 수도 있다. 이 점이 염려되는 이들은 비행기를 이용할 수도 있다. 호치민과 다낭에서 달랏Đà Lạt으로 가는 국내선 비행기를 이용하면 1시간이면 도착할 수 있다.

비행기

달랏Đà Lạt 리엔크엉 공항Sân bay quốc tế Liên Khương에서 북쪽으로 40분 정도를 차로 달리면 달랏 도심에 도착하게 된다. 자유 여행이라면 택시를 타야 하는데 잘만 흥정하면 250,000~300,000동(고속도로 통행료는 별도)에 이동할 수 있다. '미터기' 그대로 가면 50만동에 육박하는 요금이 나올 수 있으니 흥정은 필수다.

그랩Grab을 이용해도 가격은 차이가 없다. 단 바가지요금이 없는 장점이 있다. 새로 지어진 달랏 리엔크엉 국제공항Sân bay quốc tế Liên Khương에서 시내로 가기 위해 커다란 산을 넘다보면 강원도 같은 느낌이 난다. 깊숙한 숲의 어디에 도시가 있을까라는 생각을 하게 된다.

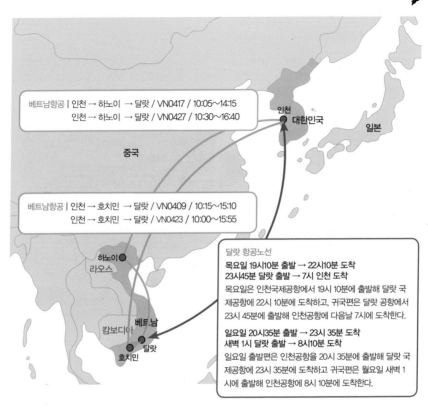

베트남항공 | 인천 → 하노이 → 달랏 / VN0417 / 10:05~14:15
　　　　　　 인천 → 하노이 → 달랏 / VN0427 / 10:30~16:40

중국

베트남항공 | 인천 → 호치민 → 달랏 / VN0409 / 10:15~15:10
　　　　　　 인천 → 호치민 → 달랏 / VN0423 / 10:00~15:55

인천
대한민국

일본

하노이
라오스

베트남
캄보디아
달랏
호치민

달랏 항공노선

목요일 19시10분 출발 → 22시10분 도착
23시45분 달랏 출발 → 7시 인천 도착
목요일은 인천국제공항에서 19시 10분에 출발해 달랏 국
제공항에 22시 10분에 도착하고, 귀국편은 달랏 공항에서
23시 45분에 출발해 인천공항에 다음날 7시에 도착한다.

일요일 20시35분 출발 → 23시 35분 도착
새벽 1시 달랏 출발 → 8시10분 도착
일요일 출발편은 인천공항을 20시 35분에 출발해 달랏 국
제공항에 23시 35분에 도착하고 귀국편은 월요일 새벽 1
시에 출발해 인천공항에 8시 10분에 도착한다.

타웨이 항공

비어젯 에어 항공

베트남 항공

리엔크엉 국제공항(Sân bay quốc tế Liên Khương)

베트남 럼동성에 있는 국제공항으로, 달랏(ĐàLạt)에서 남쪽으로 30㎞ 정도 떨어진 곳에 위치한다. 1960년 공군 비행장으로 개장했으며 2009년 12월 민간공항으로 전환되었다. 활주로 길이는 3,250m이며 2009년 12월 국제선 청사가 준공되었다. 연간 승객 2,000,000명을 수용할 수 있다.

About 비엣젯 항공

비엣젯 항공(Viet Jet)은 베트남 최초의 저가항공사로 비용을 절약할 수 있는 항공권에 맞춘 서비스를 제공하고 있다. 베트남 여행이 활성화될 때까지 거의 대한민국에서는 들어보지 못한 항공사였다.
2015년에 국제항공운송협회(IATA)의 항공운송표준평가(IOSA) 인증을 획득하고 항공사 안전성 전문 리뷰 사이트로 부터 2018, 2019년 베스트 LCC항공사(Best Ultra Low-Cost Airline)에 선정되었으며, 최고 안전 등급인 '별 7개'를 받았다.

2018년 세계적 항공금융 전문지 에어파이낸스저널(Airfinance Journal)이 전 세계 대형항공사 및 저가 항공사 162곳의 재무상태 및 사업정보를 분석하여 선별한 '최고 항공사 50'에 선정되기도 하였다.
비엣젯항공은 현재 129개의 국내선 및 국제선 노선에서 일일 400회의 항공편을 운항 중이며, 호치민, 하노이, 하이퐁, 다낭 등 베트남 내 주요 도시를 이동할 때 국내선으로 많이 이용하고 있다.

새롭게 바뀌고 있는 공항, 무인화 시스템

베트남은 저가항공사인 비엣젯 항공
(Vietjet Air)이 지속적으로 성장하고 있다.
국토가 남북으로 긴 베트남은 도시 간 이
동에서 중요한 역할을 하고 있고 그 비
중이 늘어나고 있는 것이 항공수요의 증
가이다. 심지어 하노이에서 나트랑(Nha
Trang)까지의 이동비용은 기차보다 항공
기가 저렴하다. 그러나 비용이 저렴하다
고 마냥 좋아할 것이 아니다. 공항에서 보
딩패스를 비롯해 심지어 짐을 싣는 순간

비엣젯 보딩패스 무인화 시스템

까지 무인화시스템으로 만들어져 있다.
무인화에 익숙하지 않은 저가항공 승객들은 당혹해 하는 데 사전에 사용방법을 확인하고 공항으로 이
동하는 것이 좋다.

무인화 시스템 사용방법

1. 순서를 기다렸다가 무인화 기계에서 받은 태그
(Tag)를 가방에 부착하고 끝에 있는 조그만 짐 번
호표를 1개는 가방에 붙이고, 2번째는 자신이 소지
하며, 3번째는 태그(Tag)에 붙어 있어야 한다.

2. 짐을 레인에 올리면 무게가 확인되면서 20kg을 넘
으면 절대 이동되지 않는다. 그러므로 20kg이 넘었
다면 빨리 여행용 가방에서 일부 짐을 빼서 무게를
맞추어야 한다.

3. 태그(Tag)의 바코드를 기계로 스캔시키면 읽혀지
면서 가방은 안으로 이동한다. 다 들어가는 순간까
지 기다렸다가 확인하고 출국심사장으로 이동하면
된다.

버스

베트남 여행 중에 달랏ĐàLạt으로 가는 방법은 간단하다. 호치민Ho Chi Minh, 무이네Muine, 나트랑Nha Trang과 같은 도시에서 버스를 이용하는 것이 가장 일반적인 이동 방법이다. 호치민에서 북쪽으로 약 300㎞ 떨어져 있으며 호치민에서 비행기로는 40~50분 정도, 버스로는 약 7시간이 소요되는 지역에 있다.

하노이에서 출발한다면 약 1시간 50분 정도 소요되는 비행기로 가는 것이 좋다. 호치민에서 비행기로 약 50분 정도 지나면 달랏ĐàLạt에 도착한다.

달랏 버스터미널

국내선 버스 VS 비행기

달랏(ĐàLạt)으로 가는 도로는 매끄럽지 못하다. 주로 산으로 난 도로를 이용하기 때문에 불편할 수도 있다. 날씨가 좋지 않은 날이라면 버스의 속도가 줄어들기 때문에 이동시간이 더 소요된다. 호치민과 다낭에서 달랏(ĐàLạt)으로 가는 국내선 비행기를 이용하면 1시간이면 도착할 수 있다. 하지만 역시 작은 비행기로 이동해야 한다.

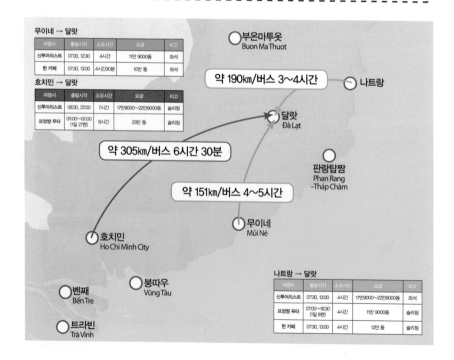

무이네 → 달랏

여행사	출발시각	소요시간	요금	비고
신투어리스트	07:30, 12:30	4시간	11만 9000동	좌석
한 카페	07:30, 13:00	4시간30분	10만 동	좌석

호치민 → 달랏

여행사	출발시각	소요시간	요금	비고
신투어리스트	08:30, 22:00	7시간	17만9000~22만9000동	슬리핑
프엉짱 푸타	05:00~02:00 (1일 27편)	8시간	23만 동	슬리핑

부온마투옷
Buon Ma Thuot

약 190km/버스 3~4시간

나트랑

달랏
Đà Lạt

약 305km/버스 6시간 30분

약 151km/버스 4~5시간

판랑탑짬
Phan Rang
–Tháp Chàm

무이네
Mũi Né

호치민
Ho Chi Minh City

벤째
Bến Tre

붕따우
Vũng Tàu

트라빈
Trà Vinh

나트랑 → 달랏

여행사	출발시각	소요시간	요금	비고
신투어리스트	07:30, 13:00	4시간	17만9000~22만동	좌석
프엉짱 푸타	07:00~16:30 (1일 8편)	4시간	11만 9000동	슬리핑
한 카페	07:30, 13:00	4시간	12만 동	슬리핑

시내 교통

고산 지대인 달랏Dalat에는 대중교통이 발달되지 않았다. 고지대라서 힘이 드는지 씨클로도 없다. 작은 도시인 달랏Dalat은 택시와 그랩Grab, 대여하는 오토바이와 자전거 등을 이용해야 한다. 호텔이나 여행사를 통해서 개별적으로 택시나 오토바이를 대여할 수 있다.

택시 & 그랩

달랏Dalat에는 택시가 다른 대도시만큼 많지는 않지만 여행하는 데 불편하지는 않다. 오히려 택시의 숫자가 적어서 그런지 택시 바가지가 심하지 않아서 다행이라고 느껴질 때도 많다. 다만 차량의 크기가 클수록 택시요금은 가파르게 올라가므로 4인 이상의 가족이 탑승하지 않는다면 4인승 택시를 탑승하는 것이 좋다.

시내에서 택시를 타면 50,000동 이상의 택시비가 나오지 않으므로 택시 이용에 부담이 적다. 관광객이 많이 찾는 다딴라 폭포까지 7~80,000동, 랑비앙산까지 18~190,000동 정도의 택시비가 청구되므로 인원이 많다면 택시를 타는 것이 비용 부담이 적다. (택시 1일 이용 $35~40)

달랏Dalat 시내에서는 택시와 그랩Grab의 비용이 차이가 없으므로 그랩Grab의 사용이 많지 않다. 다만 각 관광지에서 택시를

이용하기 힘들 때가 가끔씩 있으므로 이럴 때 그랩Grab을 사용하면 편리하다. 그랩Grab이라고 택시비보다 저렴하지 않을 때도 있다는 것도 알고 있어야 실망하지 않는다.

버스

달랏에는 버스를 꽤 자주 볼 수 있다. 하지만 관광객이 시내에서 버스를 사용할 경우는 거의 없다. 작은 도시인 달랏Dalat에서 시내 보다 시외의 관광지인 다딴라 폭포, 케이블카, 프렌 폭포Bao Loc(60, 70번), 랑비앙 산Duc Trong(48번)로 가는 버스에는 달랏 시민들이 자주 이용하는 버스이다. 버스를 타고 잘못 이동하는 경우를 방지하려면 버스에 탑승해 운전기사에게 관광지를 이야기하면 버스가 가는 지, 다른 버스를 타야 하는지 알려준다. 버스 요

버스의 앞 유리에 버스 번호가 잘 보이지 않거나 번호가 없는 경우가 대부분이다. 버스의 옆 부분에 이동하는 버스 노선이 적혀 있다.

금은 버스를 타고 이동하고 있으면 매표원이 다가왔을 때 목적지를 이야기하고 요금을 현금으로 납부해야 한다. 그래서

사전에 2~5,000동이나 10,000동 정도의 현금을 미리 준비해 두어야 한다.

오토바이(대여 $5~6)

오토바이를 12시간, 24시간(1일)의 시간 단위로 대여를 할 수 있다. 많은 관광객들이 오토바이를 많이 사용하는 데, 이동하다가 경찰의 단속에 걸리면 벌금을 납부해야 하고 심지어 오토바이를 압수당하는 경우도 있다. 그래서 오토바이 1일 투어를 신청하여 단체로 이동하는 투어에 참가하는 것이 안전하다.

택시(Taxi) VS 그랩(Grab)

베트남의 공항에 도착하면 어떻게 숙소까지 이동할 것인지 고민스럽다. 공항버스가 발달되어 있지 않은 베트남에서는 택시를 타고 숙소로 이동하는 경우가 많다. 나트랑Nha Trang도 마찬가지여서 40분 정도 택시를 타고 이동해야 하는데 베트남 택시에 대해 좋지 않은 이야기를 많이 들었기 때문에 고민스러워한다. 이에 요즈음 공항에서 차량공유서비스인 그랩Grab을 이용해 숙소로 이동하는 경우가 많아졌다.

상대적으로 바가지요금을 내지 않아도 되는 특성상 고민할 것 없이 타고 이동하면 되는데 어떻게 그랩Grab을 이용할지에 대해 걱정하는 여행자가 있다. 특히 나이가 40대를 넘어 새로운 어플 서비스를 막연하게 어려워하는 경우가 많다.

택시

바가지가 유독 심한 베트남에서 택시를 탑승하면서 기분이 썩 유쾌하지 않은 것이 현실이다. 첫 기분을 좌우하는 택시와의 만남이 나쁘면서 베트남에 온 것을 후회하게 만들기도 한다. 하지만 나트랑Nha Trang은 호찌민이나 하노이에 비하면 택시는 비교적 양호한 편이다. 물론 나트랑Nha Trang에도 당연히 바가지 씌우는 택시가 있지만, 우리가 아는 공인된 비나선Vinasun과 마일린Mailinh회사의 택시를 이용하면 불쾌한 일은 어느 정도 사라지고 있는 것이 많이 개선된 베트남 택시의 위로가 아닐까 생각한다.

누구나 추천하는 택시 회사는 비나선Vinasun과 마일린Mailinh인데 가끔씩 비슷한 글자를 사용한 택시가 있다. 정확하게 안 보고 대충 보는 여행자들을 노리고 바가지를 씌우는 일도 있으니 조심하자. 택시기사들은 여행자에게 양심적이고 친절하게 다가가 택시에 대한 안 좋은 이야기를 없애고 싶어 하지만 당분간 없어질 일은 아니다.

▶기본요금 14,000동~ ▶비나선 www.vinasuntaxi.com, 마일린 www.mailinh.vn

그랩(Grab)

차량 공유서비스인 그랩^{Grab}을 이용할 때에 어플로 차량을 불러서 확인하고 만나야 하는데 문제가 발생한다. 그랩^{Grab}은 일반 공항 내의 주차장을 사용하지 못한다. 그래서 그랩이 주차를 할 수 있는 위치로 이동해야 한다. 대부분 공항의 주차장 내에 그랩^{Grab}의 기사와 만나는 위치가 있다. 나트랑^{Nha Trang}은 3층의 주차장에서 만나야 한다.

그랩 사용방법

1. 스마트폰에 설치를 하고 핸드폰 인증을 해야 한다.

2. 나트랑^{Nha Trang}에서 그랩 어플을 실행하면 나트랑^{Nha Trang}위치를 잡아서 실행을 하므로 이상 없이 사용할 수 있다. (대한민국에서 실행하면 안 된다고 걱정할 필요가 없다. 그랩^{Grab}은 동남아시아에서 사용할 수 있어서 한국에서는 실행이 안 돼서 'Sorry, Grab is not available in this region'이라는 문구가 뜨기 때문에 걱정하지만 한국에서는 사용이 안 된다는 것을 알아야 한다.)

3. 출발, 도착지점을 정해야 한다. 출발지는 현재 있는 위치가 자동으로 표시되므로 출발지 아래의 도착지만 지명을 정확하게 입력하면 된다.
   숙소이름을 미리 확인하여 영어로 입력하면 되므로 위치는 확인하지 않아도 된다. 영어철자를 입력하면 도착지에 대한 검색을 할 수 있는 창이 나타나면서 자신의 숙소를 확인하고 터치를 하면 된다.

4. 1~5분 사이에 도착할 수 있는 차량들이 나오면서 보이므로 선택하면 차량번호, 기사 이름 등이 표시되고, 전화를 하거나 메시지를 나눌 수 있도록 되어 있다. 대부분 메시지를 통해 확인할 수 있다.
   영어로 대화를 나눈다고 걱정할 필요가 없다. 한글로 표시가 되기 때문이다.

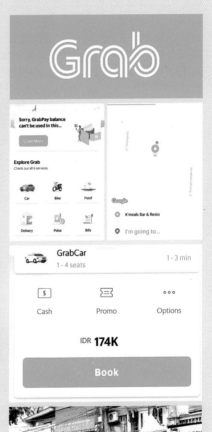

달랏 여행을 계획하는 5가지 추천 여행코스

달랏Dalat은 의외로 여행을 계획하기가 쉽지 않다. 시내는 둘러봐도 고층빌딩은 없고 주위에는 꽃과 호수가 즐비하기 때문이다. 많은 사람들은 왔다 갔다 하지만 어디를 가야할지는 모르겠다. 숙소에 물어보니 뮨화유산을 가진 역사유적지는 시내에서 떨어져 있다는 답변에 "그럼 어디를 가야하냐"는 물음에는 투어를 소개하는 팜플렛을 내민다. "어떤 것이 좋아요?"는 질문에 "다 좋다"라는 답만 온다. 어떻게 달랏Dalat을 여행해야 하는 것일까?

달랏Dalat은 프랑스 지배시기에 고산지대인 달랏Dalat에 휴양지로 만들기 위해 대규모 공사가 시작되면서 도시로 탈바꿈하면서 하루가 다르게 변하게 되었다. 현재, 베트남 사람들에게 달랏Dalat은 고산지대에 있는 휴양도시로 신혼여행지로 가장 많이 방문하는 도시이다. 호치민Ho Chi Minh은 시내에 있는 고층 빌딩이 즐비하지만 달랏Dalat에는 꽃과 호수, 폭포를 시원한 날씨에 즐길 수 있어서 특히 호치민 시민들이 많이 찾는 여행지이기도 하다.

최근에 해외 관광객이 몰려들면서 많은 숙소들이 모자를 정도로 달랏Dalat은 발전을 거듭하고 있다. 프랑스가 개발한 역사유적지는 대부분 달랏Dalat 시내의 남, 북부와 외곽에 있다. 최근에 유럽마을과 크레이지 하우스는 색다른 베트남을 즐길 수 있어 유럽풍의 휴양지로 개발된 포인트이다.

1. 호수와 폭포

달랏 시내 중앙에 자리잡고 있는 쑤언 흐엉 호수
는 달랏Dalat을 상징하는 호수이다. 베트남에는 폭
포가 많지 않아서 베트남 사람들은 폭포 보는 것
을 좋아한다. 그런데 달랏에는 시원하게 내려오
는 폭포를 볼 수 있는 도시가 달랏이다.

쑤언 흐엉 호수를 중심으로 자리를 잡고 있는 달
랏은 아침과 저녁에 쌀쌀한 바람이 베트남이 아
닌가?라는 생각을 만들게 한다. 그래서 관광객을
당황스럽게 만들정도로 호수의 바람을 맞을 수 있다. 이 호수를 중심으로 빅 C 마트 같은
쇼핑가와 달랏시장이 있어서 달랏Dalat 시민들이 생활을 해 나가는 중요한 호수이다. 호수
와 달랏 시장 근처에 다양한 호스텔, 호텔, 아파트들이 즐비하고 맛집들이 많다.

베트남의 여행지를 생각해보면 '폭포'라는 단어를 생각하기가 쉽지 않다. 그만큼 베트남에
서는 폭포가 많지 않다. 달랏에는 높은 랑비안 산 등이 있어서 산과 골짜기를 중심으로 폭
포가 많다. 그 중에서 다딴라 폭포, 프렌 폭포, 코끼리 폭포가 유명하다. 달랏 시장 근처의
여행자거리에서만 오랫동안 머물기보다 외곽의 유명한 폭포를 즐겨보는 것도 색다른 베
트남 여행이 될 것이다.

2. 산과 꽃

대부분의 숙소는 호수와 가깝게 형성되어 있어서 숙소와 가까운 호수를 즐기는 관광객이 찾는 또 다른 즐거움이 꽃 정원에서 다양한 꽃을 보면서 추억을 쌓는 것이다. 꽃 정원을 거닐면서 아름다운 꽃과 함께 사진을 찍으면서 즐기다보면 어느새 점심때가 지나갈 정도로 시간이 훌쩍 지나가는 곳이 꽃 정원이다. 식사를 하고 멀리 랑비안 산으로 이동하여 달랏^{Dalat}을 조망할 수 있다. 랑비앙 산을 걸어서 올라가는 여행자도 있지만 4륜 구동차를 타고 이동하는 방법도 있다.

베트남의 유럽이라고 불리는 끝없이 펼쳐진 정원과 멀리 있는 산은 매년 달랏^{Dalat}을 찾는 여행자를 끌어들이고 있다. 때 묻지 않은 자연을 만날 수 있는 신비로운 도시, 달랏^{Dalat}은 베트남 여행에서 빼놓을 수 없는 여행지로 바뀌고 있는데 그 중요한 역할을 랑비앙 산과 꽃 정원이 담당하고 있다.

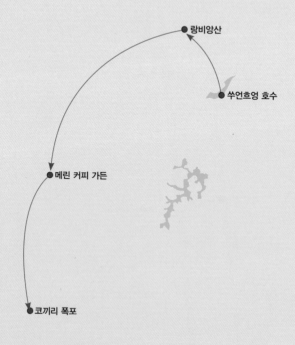

3. 시내관광

달랏 시내 관광은 중앙시장에서 시작된다. 중앙시장에서 쑤언 흐엉 호수가 보이며 멀리 꽃 정원까지 보일 때도 있다. 여행에서 빼놓을 수 없는 시장투어는 현지인의 실생활을 엿볼 수 있는 가장 좋은 장소이기도 하다.

걸어서 30분 정도 소요되어 더운 날에는 조금은 멀게 느껴지는 크레이지 하우스는 베트남의 가우디라고 불리우는 '항응아'가 만든 신기한 집이다. 여기에서 조금만 걸어가면 바오다이 궁전과 성 니콜라스 대성당이 있다. 이 3개의 관광지는 내부까지 보면 시간이 상당히 소요되므로 무리하게 보려고 하지 말고 다시 달랏 시장으로 돌아오는 것이 좋다.

달랏 시장은 밤이면 더욱 활기를 띤다. 각종 고랭지 농산물과 야채, 사계절 생산되는 딸기 등 열대과일을 판매하고 있다. 반 짱느엉등의 달랏 야시장의 길거리 음식을 즐길 수 있어서 길거리를 따라 많은 먹거리가 펼쳐진다. 쇼핑을 하고 싶다면 아티 초크차, 딸기잼, 와인, 커피, 캐슈넛 등 쇼핑리스트에 있는 목록들을 저렴하게 구매할 수 있다. 시내 관광은 거리는 짧아 보여도 최소 3시간 이상 소요되므로 날씨가 무더울 때는 무리하게 걸어서 이동하기보다는 택시 등을 이용하는 것이 좋다.

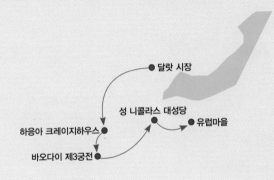

달랏 시장

성 니콜라스 대성당

유럽마을

하응아 크레이지하우스

바오다이 제3궁전

4. 극과 극(프랑스와 베트남)

호핑 투어Hopping Tour는 투어상품으로 만들어져
있기 때문에 예약(1일 투어 13,000~15,000원)을
하면 숙소로 7시~7시 30분에 픽업을 하여 8시
에 버스를 타고 선착장으로 이동한다. 10분 정
도를 이동해 모두 모이면 출발한다. 호핑 투어
Hopping Tour가 시작되는 데 혼문 섬Hòn Mun Island에
서 스노클링과 다이빙을 하면서 즐긴다. 카약이
나 바나나보트 제트스키 등의 해양스포츠를 원
하는 대로 선택하여 즐기게 되는데 조용히 베
드에 누워 한적함을 즐겨도 된다.

호핑 투어Hopping Tour의 하이라이트는 점심 식사
를 하고 댄스타임이 시작되면서 댄스 시간이
끝나고 다들 바다로 뛰어드는 다이빙 후에 맥
주를 바다에서 마실 수 있다. 다른 지역에서는
맛보기 힘든 나트랑 호핑 투어Hopping Tour만의 색
다른 경험이라 배낭 여행자가 꼭 해야 하는 투
어로 인식되고 있다.

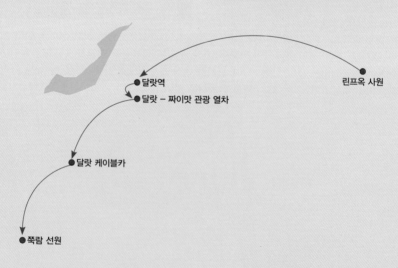

린프옥 사원

달랏역

달랏 – 짜이맛 관광 열차

달랏 케이블카

쭉람 선원

5. 역사 유적지

유럽 감성의 베트남 여행지인 달랏Dalat는 자녀나 부
모님과 함께 가는 가족여행에서 색다른 유럽 느낌
으로 베트남의 인상을 바꾸고 있다. 베트남의 다른
여행지가 해안이나 놀이동산에서 하루 종일 즐기는
관광이 대부분이기 때문에 여행지가 달라져도 비슷
한 느낌일 수 있다. 하지만 건축물을 보고 역사를
생각하면서 19세기를 경험할 수 있다. 하나하나 보
다보면 시간이 지체될 수 있어서 저녁이 돼서야 돌
아온다.

달랏 기차역에서 사진을 찍고, 관광용 기차를 타고 오면서 역사 유적 여행은 시작된다. 걸
어서 30~45분 정도 걸어가거나 3~5분 정도의 택시를 타고 이동하면 성 니콜라스 대성당
과 크레이지 하우스, 바오다이 제3궁전 등에서 베트남의 프랑스 통치 시기의 역사를 알 수
있다. 역사 유적지 여행은 따분할 것이라고 생각할 수 있지만 오래된 역사가 아닌 경험과
다양한 양식의 건축물을 보는 즐거움이 더 크다.

최근에 달랏 케이블카도 시설을 새로 정비하고 안전을 강화하였다. 케이블카에 구름이 내
려앉을 때가 가장 아름다워서 맑은 날보다 약간 흐린 날이 더 좋다. 저녁에는 달랏 야시장
에서 가족과 연인과 대화를 하면서 하루를 마무리해도 좋을 것이다.

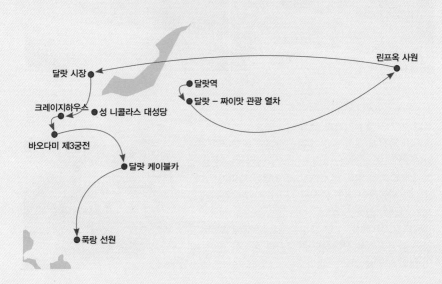

린프옥 사원

달랏 시장

달랏역

달랏 – 짜이맛 관광 열차

크레이지하우스 ● 성 니콜라스 대성당

바오다미 제3궁전

달랏 케이블카

푹랑 선원

나의 여행스타일은?

나의 여행스타일은 어떠한가? 알아보는 것도 나쁘지 않다. 특히 홀로 여행하거나 친구와
연인, 가족끼리의 여행에서도 스타일이 달라서 싸우기도 한다. 여행계획을 미리 세워서 계
획대로 여행을 해야 하는 사람과 무계획이 계획이라고 무작정 여행하는 경우도 있다.
무작정 여행한다면 자신의 여행일정에 맞춰 추천여행코스를 보고 따라가면서 여행하는
것도 좋은 방법이다. 계획을 세워서 여행해야 한다면 추천여행코스를 보고 자신의 여행코
스를 지도에 표시해 동선을 맞춰보는 것이 좋다. 레스토랑도 시간대에 따라 할인이 되는
경우도 있어서 시간대를 적당하게 맞춰야 한다. 하지만 빠듯하게 여행계획을 세우면 틀어
지는 것은 어쩔 수 없으니 미리 적당한 여행계획을 세워야 한다.

1. 숙박(호텔 VS YHA)
잠자리가 편해야(호텔, 아파트) / 잠만 잘 건데(호스텔, 게스트하우스)
다른 것은 다 포기해도 숙소는 편하게 나 혼자 머물러야 한다면 호텔이 가장 좋다. 하지만
여행경비가 부족하거나 다른 사람과 잘 어울린다면 호스텔이 의외로 여행의 재미를 증가
시켜 줄 수도 있다.

2. 레스토랑 VS 길거리음식
카페, 레스토랑 / 길거리 음식
길거리 음식에 대해 심하게 불신한다면 카페나 레스토
랑에 가야 할 것이다. 그렇지만 베트남은 쌀국수를 길
거리에서 아침 일찍 현지인과 함께 먹는 재미가 있다.
물가가 저렴하여 어떤 음식을 사먹을지 여행경비에 문
제가 발생할 경우는 없다.
관광객을 상대하는 레스토랑은 위생문제에 까다로운
것은 사실이어서 상대적으로 길거리 음식을 싫어한다
면 굳이 사먹을 필요는 없다.

3. 스타일(느긋 VS 빨리)
휴양지(느긋) > 도시(적당히 빨리)

자신이 어떻게 생활하는지 생각하면 나의
여행스타일은 어떨지 판단할 수 있다. 물
론 여행지마다 다를 수도 있다. 휴양지에
서 느긋하게 쉬어야 하지만 도시에서는 아
무 것도 안하고 느긋하게만 지낼 수는 없
다. 달랏Dalat은 휴양지와 도시여행이 혼합
되어 있어 앞으로 여행자에게 더욱 인기를
끌 것이다.

4. 경비(짠돌이 VS 쓰고봄)
여행지, 여행기간마다 다름(환경적응론)

여행경비를 사전에 준비해서 적당히 써야
하는데 너무 짠돌이 여행을 하면 남는 게
없고 너무 펑펑 쓰면 돌아가서 여행경비를
채워야 하는 것이 힘들다. 짠돌이 여행유
형은 유적지를 보지 않는 경우가 많지만
달랏Dalat에서는 유적지 입장료가 비싸지
않으니 무작정 들어가지 않는 행동은 삼가
는 것이 좋을 것이다.

5. 여행코스(여행 VS 쇼핑)

여행코스는 여행지와 여행기간마다 다르
다. 달랏Dalat은 여행코스에 적당하게 쇼핑
도 할 수 있고 여행도 할 수 있으며 맛집
탐방도 가능할 정도로 관광지가 멀지 않아서 고민할 필요가 없다.

6. 교통수단(택시 VS 뚜벅)

여행지, 여행기간마다 다르고 자신이 처한
환경에 따라 다르지만 달랏Dalat은 어디를
가든 택시나 그랩Grab 차량공유서비스로
쉽게 가고 싶은 장소를 갈 수 있다. 달랏
Dalat에서 버스를 탈 경우는 많지 않다. 달
랏Dalat의 도심 자체가 크지 않아서 걸어 다
니는 것이 대부분이다.

나 홀로 여행족을 위한 여행코스

홀로 여행하는 여행자가 급증하고
있다. 달랏Dalat은 혼자서 여행하기
에 좋은 도시이다. 먼저 물가가 저
렴하고 유럽의 도시처럼 멀리멀리
가는 코스가 많지 않아서 여행을 할
때 물어보지 않고도 충분히 가고 싶
은 관광지를 찾아갈 수 있다. 혼
자서 머드팩이나 각종 투어를 홀로
즐겨보는 것도 좋은 코스가 된다.

주의사항
1. 숙소는 위치가 가장 중요하다. 밤에 밖에 있다가 숙소로 돌아오기 쉬운 위치가 가장 우
   선 고려해야 한다. 나 혼자 있는 것을 좋아한다면 호텔로 정해야겠지만 숙소는 호스텔도
   나쁘지 않다. 호스텔에서 새로운 친구를 만나 여행할 수도 있지만 가장 좋은 점은 모르
   는 여행 정보를 다른 여행자에게 쉽게 물어볼 수 있다.
2. 자신의 여행스타일을 먼저 파악해야 한다. 가고 싶은 관광지를 우선 선정하고 하고 싶은
   것과 먹고 싶은 곳을 적어 놓고 지도에 표시하는 것이 가장 중요하다. 지도에 표시하면 자
   연스럽게 동선이 결정된다. 꼭 원하는 장소를 방문하려면 지도에 표시하는 것이 좋다.
3. 혼자서 날씨가 좋지 않을 때 호수를 가는 것은 추천하지 않는다. 걸으면서 호수를 봐야
   하는 데 풍경도 보지 못하지만 의외로 호수에 자신만 걷고 있는 것을 확인할 수도 있다.
   돌아오는 길을 잊어서 고생하는 경우가 발생할 수 있다.
4. 달랏Dalat의 각종 투어를 홀로 즐기면서 고독을 즐겨보는 것이 좋다. 투어는 시간이 7시
   간 이상 정도는 미리 확보하는 것이 필요하다. 사전에 숙소에서 투어를 미리 예약하고
   출발과 돌아오는 시간을 미리 계획하여 하루 일정을 확인할 것을 추천한다.
5. 쇼핑을 하고 싶다면 사전에 쇼핑품목을 적어 와서 마지막 날에 몰아서 하거나 날씨가
   좋지 않을 때, 숙소로 돌아갈 때 잠깐 쇼핑하는 것이 좋다.

자녀와 함께하는 여행코스

자녀와 함께 달랏Dalat 여행을 떠나는 가족 여행지로 급부상하고 있다. 유럽여행에서 아이와 여행을 하다보면 무리하게 박물관을 많이 방문하여 아이들의 흥미를 떨어뜨려 여행의 재미를 반감시키는데 달랏Dalat은 그럴 가능성이 없다.

자녀와 여행을 하면 실패하는 요인은 부모의 욕심으로 자녀가 싫어하는 것이 무엇인지 모르는 것이다. 자녀와의 여행에서 중요한 것은 많이 보는 것이 아니고 즐거운 기억을 남기는 것이라는 사실을 인식해야 한다. 특히 다딴라 폭포는 다낭이나 푸꾸옥의 빈펄랜드만큼 재미가 있기 때문에 아이들은 다시 오고 싶은 여행지가 될 가능성이 많다.

주의사항

1. 숙소는 달랏Dalat 시내의 호텔로 정하는 것이 이동거리를 줄이고 원하는 관광지로 쉽게 이동할 수 있다.

2. 비행기로 들어온 첫날 외곽으로 이동하면 아이는 벌써 힘들어한다는 것을 인식하자. 코스는 1일차에 다딴라 폭포에서 같이 즐기고 해산물을 먹는 것이 아이들이 가장 좋아하는 코스이다.

3. 2일차에 외곽인 랑비앙 산으로 이동할 계획을 세우는 것이 좋다. 사전에 유적지 투어를 신청하면 숙소까지 픽업을 하기 때문에 힘들지 않다. 사전에 미리 시원한 물과 선크림을 준비해 이동하면서 아이들이 강렬한 햇빛에 노출되어도 아프지 않도록 사전에 준비하는 것이 좋다. 하루 종일 너무 많은 햇빛에 노출되는 것은 좋지 않다.

4. 유적지에서 아이가 걷는 것을 싫어한다면 사전에 물이나 먹거리를 준비해서 먹으면서 다닐 수 있도록 해주는 것이 아이의 짜증을 줄이는 방법이다. 오전에 일찍 출발하면 중간에 점심까지 먹고 유적을 보면 의외로 시간이 오래 소요된다. 이럴 때 유적지를 그냥 보지 말고 간단하게 설명을 해서 이해를 넓힐 수 있도록 도와주는 것이 앞으로 여행에서도 관심을 증가시킬 수 있다.

5. 돌아오는 날에는 쇼핑을 하면서 원하는 것을 한꺼번에 구입하면서 공항으로 돌아가는 시간을 잘 확인하는 것이 좋다. 버스보다는 택시를 이용해 시간을 정확하게 맞추는 것이 좋다.

연인이나 부부가 함께하는 여행코스

연인이나 부부가 여행을 와서 즐거운 추억을 남기려면 남자는 연인이나 부인이 좋아하는 맛집을 미리 가이드북을 보면서 위치를 확인하는 것이 좋다. 하루에 2번 정도 레스토랑이나 카페를 미리 상의하는 것도 좋은 방법이다. 여행코스는 기억에 남을만한 명소를 같이 가서 추억을 남기는 것이 포인트이다.

주의사항

1. 숙소는 달랏^{Dalat} 시내의 호텔로 내부 시설을 미리 확인하는 것이 좋다.
2. 달랏^{Dalat}으로 가는 항공권은 대부분 저녁에 출발하기 때문에 비행기로 들어온 첫날은 숙소로 빠르게 이동해 쉬고 다음날부터 여행일정을 시작하는 것이 좋다. 낮에 도착했다면 시내를 둘러보면서 도심 바로 옆에 있는 해변이나 발마사지 같은 휴식을 취하는 일정이 좋다. 특히 해변의 일몰 풍경은 같이 보는 것이 중요하다.
3. 달랏^{Dalat}의 다양한 레스토랑을 가려고 한다면 조금 일찍 가는 것이 좋다. 특히 달랏 시장 근처에 있는 레스토랑은 끝나는 시간대에 맞춰서 구입하거나 야시장에서 식사를 한다면 조금 더 저렴하게 먹을 수 있다.
4. 달랏^{Dalat}의 옛 골목길에는 현지인들이 길 옆에서 목욕탕의자를 놓고 먹는 장소가 많으므로 한번 정도는 길거리 음식으로 쌀국수를 먹는 것도 달랏Dalat 여행의 재미이므로 빼놓지 말자.
5. 여행을 하다가 길을 잃어버릴 수도 있으니 사전에 구글맵을 사용해 숙소의 위치를 확인해 두는 것이 좋다. 더운 날 길을 혹시라도 잊어버려서 헤맨다면 분위기가 좋을 수 없다.
6. 쇼핑할 시간이 필요하다면 식사를 하고 소화를 시키면서 쇼핑을 하는 것이 편하다. 인근에 롯데마트를 비롯한 다양한 대형마트가 있다. 제품은 오전이나 폐장하기 1시간 전에 들어가서 할인이 되는 제품을 확인하고 쇼핑하는 것이 좋다. 베트남 커피나 소스 등 한국인이 많이 구입하는 제품에는 인기품목이라는 표시를 해두었다.
7. 우기에 여행을 한다면 날씨를 미리 확인해야 한다. 우기에는 소나기성 비인 스콜이 갑자기 내리기 때문에 우산이 없으면 한순간에 비 맞은 생쥐 꼴이 될 것이다.

친구와 함께하는 여행코스

친구와 여행하는 것은 평소에 못해 보는 경험을 하기 위한 것이다. 날씨가 좋다면 호수에서 호수의 아름다운 풍경을 보고 이야기 나누는 것을 추천한다. 또한 힘들게 운동을 하고 나서 같이 발마사지 등을 받으면 피로도 풀고 추억도 만들수 있다.

주의사항
1. 숙소는 시내로 정해 위치를 확인하는 것이 좋고 호스텔도 나쁘지 않다.
2. 친구와 가고 싶은 곳을 서로 이야기로 공유하고 같이 하고 싶은 곳과 방문하고 싶은 곳이 일치하는 곳을 위주로 코스를 계획하고 서로 꼭 원하는 장소를 중간에 방문하는 것이 좋다.
3. 여자끼리의 여행이라면 호수를 걸으면서 풍경을 보고 이야기 나누는 것을 추천한다. 날씨가 좋으면 풍경이 아름다운 호수에서 오리배도 타면서 좋은 추억을 남길 수 있다.
4. 마사지를 즐겨보는 것이 좋다. 발마사지는 가장 쉽게 받을 수 있는 마사지이고 타이마사지나 보디마사지는 1시간 정도는 미리 확보하는 것이 충분히 마사지를 즐기는 방법이며 사전에 마사지를 잘하는 숍을 찾아서 미리 예약하고 가격을 흥정하면서 청결한지를 같이 확인하는 것이 좋다.
5. 쇼핑을 하려고 하면 인근에 빅C 대형마트와 랑팜이 있다. 제품은 오전이나 폐장하기 1시간 전에 들어가서 할인이 되는 제품을 확인하고 쇼핑하는 것이 좋다. 베트남 커피나 소스 등 한국인이 많이 구입하는 제품에는 인기품목이라는 표시를 해두었다.

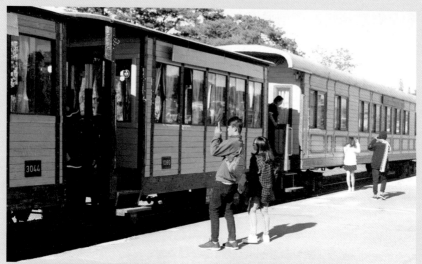

달랏 Đà Lạt 여행 TIP

1. 낮에는 강한 햇빛으로 겨울에도 따뜻하지만 고원지대여서 저녁만 되면 쌀쌀한 기온으로 체온을 보호해줄 외투를 챙길 것을 추천한다. 현지 시민들은 경량패딩을 주로 입고 다닌다.
2. 대부분의 달랏 Đà Lạt 관광지의 이동 거리는 가깝기 때문에 걸어서 다니거나 자전거로 이동이 가능하다. 베트남 여행자는 주로 오토바이를 빌려 관광지를 여행하고 다닌다.
3. 달랏 Đà Lạt의 날씨가 선선할지라도 자외선차단제는 꼭 챙겨야 한다.

달라도 너무 다른 베트남의 색다른 도시 여행, 달랏^{Đà Lạt}

베트남에서 특별한 휴가를 보내고 싶다면, 베트남에서 가장 인기 있는 휴양 도시, 시간이 멈춘 곳으로 특별한 분위기를 자아내는 달랏^{Đà Lạt}을 추천한다. 봄꽃으로 새로운 시작이 되었다는 즐거움이 있어야 할 시기에 초미세먼지, 황사로 눈 뜨고 다니기 어렵고 숨 쉬는 것조차 조심스러워 외부출입이 힘들다. 꽃놀이는 커녕 외출도 자제할 이시기에 시원하게 불어오는 바람을 맞을 수 있는 뜨거운 햇빛이 비추는 해변이 아닌 베트남의 색사른 도시가 있다.

우리가 알고 있던 베트남과 전혀 다른 베트남을 보고 느낄 수 있는 초록이 뭉게구름과 함께 피어나는 깊은 숨을 쉴 수 있어 좋았던 도시는 베트남 남부의 달랏^{Đà Lạt}이다. 관광객은 이곳에 오면 누구나 '저 푸른 초원 위에 그림 같은 집을 짓고'라는 가사의 한 구절이 생각날 것이다. 더운 베트남여행에서 패딩과 장갑을 끼고 있던 달랏^{Đà Lạt} 사람들의 생소한 모습이 생생하게 눈으로 전해온다.

달랏^{Đà Lạt}에 관심을 가지게 되는 이유

해발 1,500m의 고원도시이며, 1년 내내 사람이 살기에 좋은 온도인 연평균 18~23도의 기온을 유지하여 베트남 사람들이 가장 살고 싶어 하는 도시로 알려져 있다.

베트남이 프랑스 식민지였을 때 프랑스인들의 휴양지로 개발된 도시 달랏^{Đà Lạt}은 그림 같은 유럽풍의 건물과 도시 중심에 자리한 쑤언흐엉 인공호수, 에펠탑과 비슷한 철탑, 쭉쭉 뻗은 울창한 소나무 숲 등 사방을 둘러봐도 유럽도시를 상상하게 된다. 온화한 기후조건 때문에 베트남의 꽃시장과 커피, 와인의 특산지로 베트남을 넘어 전 세계로 뻗어나가고 있다.

한때 대한민국의 신혼여행지는 제주도였던 시절이 있던 것처럼 현재, 베트남 사람들이 가장 가고 싶은 신혼 여행지이자 베트남의 보석산지로 봄과 꽃의 도시, 베트남의 유럽 등 달랏^{Đà Lạt}에 붙여진 다양한 별명은 계속 만들어지고 있다. 2016 뉴욕타임지에서 뽑은 '세계에서 가장 매력적인 여행지'에도 선정된 달랏^{Đà Lạt}은 대한민국에서 이제 직항으로 갈 수 있는 도시가 되었다.

시내를 가득 메운 오토바이 행렬과 도시 곳곳에서 볼 수 있는 야자수와 골목 가득한 쌀국수가게, 덥고 습기 가득한 날씨를 예상한 관광객은 누구나 여기가 "베트남이 맞아?"라고 하면서 반전의 도시 달랏^{Đà Lạt}에 관심을 가지게 된다.

달랏 한눈에 파악하기

당신의 상상 그 이상의 도시 달랏Đà Lạt에서 프랑스와 유럽의 정취를 느끼고 싶다면 달랏Đà Lạt으로 가야 한다. 영원한 봄의 도시 달랏Đà Lạt을 주저 없이 추천한다. 다낭과는 또 다른 느낌을 찾을 수 있는 곳이다.

베트남 중부 달랏Đà Lạt은 꽃과 숲이 우거지고 1년 내내 봄 날씨 같은 17~24도의 기온으로 여행하기에 적합한 날씨를 가지고 있다. 베트남인들 사이에서 최고의 신혼여행지로 꼽히며 유럽풍의 고급 여행지로 알려져 있다.

달랏Đà Lạt의 관광지는 가장 유명하고 큰 폭포인 코끼리폭포, 타딴라 폭포와 캐녀

닝, 2,167m의 달랏Đà Lạt의 지붕이라 불리는 랑비앙 산, 6인승 지프차를 타고 즐기는 소나무 숲길 트래킹, 남녀 사랑이 이루어지는 사랑의 계곡, 꽃향기 그윽한 플라워가든, 베트남 생활상을 볼 수 있는 야시장 등이 있다. 유럽풍의 달랏 기차역과 크레이지 하우스는 기억에 남을 명소이다.

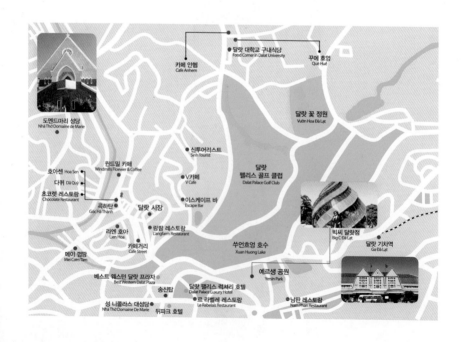

성 니콜라스 대성당

비앙 비스트로 ●

쭝 카페 ●
껌땀 메이 ●
브이 카페 ●
곡하탄 ●
퍼 히에우 ●

호아빈 극장

리엔호아 베이커리 ● 윈드밀 커피 ●
사파이어 달랏 호텔 ● **랑팜 스토어**
펀기 칭구 ●
띠엔 미 빈 로이 ● 인카페 ● 렌스 카페 **달랏 야시장**
& 레스토랑 달랏
블루워터 ●
나항 투여 ●
TTC 호텔 ● 카페 아티스테 ●

그린 전자제품 판매점 **쑤언흐엉 호수**

로즈 호텔 ●
켄스 하우스 백패커스 ●

꽃 공원

빛 공원
빅 C 달랏겐

츄 비비큐 레스토랑 ●

꼼 니엔 뉴 뇩 ●
나항 바 훈

성 니콜라스 대성당

반 깐 냐 쭝 ●

로 실레 달랏 ● 새미 호텔 ●
**럼동성
라디오TV방송국**

항응아 크레이지하우스 **크레이지 웨이프 펀 존
놀이공원**

크레이지 하우스
Crazy House

베트남의 달랏^{Đà Lạt}은 고원지대로 여름에도 시원한 도시이지만 다양한 볼거리가 있다. 이 중에서 달랏^{Đà Lạt}을 여행한다면 추천하는 곳이 크레이지 하우스^{Crazy House}이다. 달랏^{Đà Lạt}에서는 기괴하고 신기한 건물을 보는 재미가 있는 '크레이지 하우스^{Crazy House}'를 가봐야 한다. 크레이지 하우스^{Crazy House} 내에 있는 집들의 지붕에는 길이 있다.

베트남 사람들에게 달랏의 날씨는 추운 날씨로 스웨터, 겨울 모자 등을 판매하는 모습을 쉽게 볼 수 있다.

크레이지 하우스^{Crazy House}의 관리
크레이지 하우스^{Crazy House}가 있는 베트남의 달랏^{Đà Lạt}은 베트남 현지 사람들이 찾는 휴양지로 일 년 내내 서늘한 날씨를 느낄 수 있는 곳이라 크레이지 하우스의 관리가 어렵지 않게 유지되고 있다.

한국인에게는 이른 여름 같은 따뜻한 날씨임에도 두꺼운 스웨터와 코드를 입고 다니는 베트남 현지인을 볼 수 있는 것도 신기한 풍경인데 다른 베트남 지방보다 건조한 날씨로 인해 유지 관리가 상대적으로 잘되고 있다.

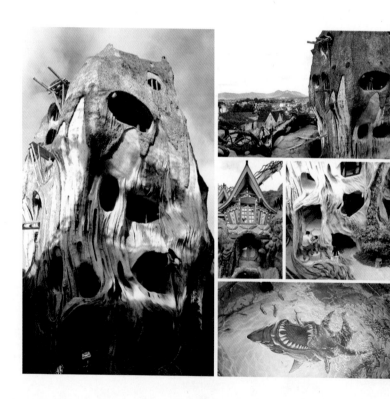

크레이지 하우스^{Crazy House} 입구에 있는 간판

크레이지 하우스^{Crazy House}의 스토어

베트남의 가우디

베트남 총리의 딸 당 비엣 응아가 기존의 건축양식을 파괴하고 숲속의 이미지를 형상화해 기괴스럽고 특이한 구조로 지은 건축물로 마치 동화 속 궁전 같다. 어린이들 뿐만 아니라 모든 관광객들의 흥미를 고조시키는 달랏(Đà Lạt)의 명물로 유명하다.

게스트하우스

크레이지 하우스(Crazy House)는 숙소로도 이용할 수도 있고, 관광지로도 볼 수 있는 곳이다. 1층에는 갤러리와 게스트하우스가 있어 숙박도 가능하다. 투숙객이 없는 숙소들은 개방해서 볼 수 있게 해두었는데, 곰, 기린, 호랑이 등 다양한 테마로 숙소를 꾸며뒀다. 새로운 경험을 하고 싶은 관광객들이 찾기 좋은 곳이다.

상상력 하우스

기괴하고 신기한 모양의 건물과 터널을 보면서 상상력을 발휘하기 좋은 관광지로 가족여행을 온 관광객이라면 반드시 추천한다. 하나하나의 건물들이 신기한 모양으로 지어졌고, 연결된 통로와 길들 또한 예사롭지 않은 모양을 지니고 있다. 놀이공원을 걷는 기분도 들게 하는 구조다.

크레이지 하우스

다딴라 폭포
Datanla Falls

달랏^{Da Lat} 시내에서 약 7㎞ 정도 떨어져 있는 곳에 위치한 총 길이 350m의 다딴라 폭포^{Datanla Falls}는 차를 타고 15분만 달리면 울창한 소나무와 대나무 속에 숨어 있는, 선녀들의 비밀 호수, 다딴라 폭포에 도착한다. 1988년 문화재로 지정되어 하이킹과 레펠, 캐녀닝 등으로 유명한 엑티비티 도시로 만든 주인공이 다딴라 폭포^{Datanla Falls}이다.

20m 높이의 크고 작은 폭포가 제1폭포부터 제5폭포까지 협곡처럼 이어져 내려오고 메인폭포인 1, 2폭포는 속도감을 느낄 수 있는 알파인 코스터를 타고 모노레일을 따라 내려가게 된다. 수동으로 운전하는 알파인 코스터는 빈펄랜드에도 있는 은근히 스릴감이 느껴지는 엑티비티이다.

선녀들의 비밀 호수

선녀들이 목욕 중에 모습을 들키지 않기 위해 주변 나뭇잎들을 물 위에 뿌렸다고 해서 '다딴라Datanla' 라는 명칭이 생겼다고 한다.

알파인 코스터(루지)를 타고 울창한 소나무 숲속 협곡 사이를 지나면 어느새 웅장한 자연의 물소리가 여러분을 반겨준다. 베트남 밀림의 정기를 받으며 힐링하는 장소로 알려져 있다.

다딴라폭포(Datanla Falls) 즐기기

달랏(Đà Lạt) 시내에서 주황색 버스를 타고 꼬불꼬불 산길을 따라 10분 정도 달리면 '다딴라(Datanla)'라고 적혀 있는 간판이 보인다. 주차장이 나오고 입구가 오른쪽에 있다. 입구의 오른쪽에 알파인 코스터라고 써 있는 매표소에서 티켓을 구입해 알파인 코스터를 타고 내려간다.

물론 걸어서 내려갈 수 있지만 은근 알파인 코스터(80,000동)가 짜릿한 재미가 있으므로 타고 내려가는 것이 좋다. 알파인 코스터는 1인용과 2인용이 있어서 가족이나 연인은 2인승을 타고 간다. 또한 부모님과 같이 왔다면 왕복으로 티켓을 구입해 편안하게 올라올 수 있다.

아래로 내려가면 음료수, 과자, 아이스크림을 파는 상점들이 나오고 전방에 폭포가 보이기 시작한다. 폭포는 크지 않지만 폭포수가 떨어지는 시원함은 관광객의 마음을 편안하게 만들어준다. 폭포의 왼쪽에는 전설에 나오는 인디언 모형이 서 있고 그 뒤에 폭포가 떨어지는 모습이 보인다. 많은 베트남 사람들이 사진을 찍고 있다. 이어서 케이블카와 엘리베이터를 이용하여 시원한 폭포의 물줄기를 따라 이동한다. 실제의 폭포가 크고 높지 않지만 베트남에는 폭포가 많이 없기 때문에 5단으로 떨어지는 폭포에 대해 자부심이 대단하다.

다딴라 캐녀닝Datanla Canyoning

계곡 (캐니언)에서 급류를 타고 내려가는 스포츠가 캐녀닝Canyoning이다. 스위스에서 시작된 것으로 알려진 캐녀닝Canyoning은 이후 전 세계의 다양한 코스와 장소에서 이루어지고 있다.

자연 속에서 떨어지고 급류를 타고 내려오고 산을 올라가기 때문에 위험성이 있는 것은 어쩔 수가 없다. 달랏의 캐녀닝Canyoning에서 1명이 사망했다고 알려진 이후로 관광객의 신청은 많이 줄었다고 한다. 그 이후 베트남 정부는 가격을 통제해 저가의 무허가 캐녀닝을 금지하고 안전을 챙기기 시작했다고 한다.

▶요금 : 70$

자연 속에서 이루어지는 격한 스포츠이므로 다칠 위험이 상존해 있다. 그리고 베트남에서 이루어진다고 저렴하지 않다. 캐녀닝Canyoning의 핵심은 폭포를 향해 떨어지는 것인데 절벽을 타고 내려오다가 어느 정도 내려와서 절벽에 붙어 있지 못하면 조금 더 내려온 후 폭포 아래로 떨어진다.

경사가 가파른 산비탈로 가서 가장 먼저 밧줄을 묶어놓고 연습을 하는 데 연습을 할 때 확실하게 배워야 안전하므로 모른다면 영어를 못한다고 그냥 넘어가는 일이 없도록 하자.

위험성이 상존한 절벽에서 뛰어 내리기 2가지

떨어질 때는 등을 물을 향해서 눕듯이 뛰어 내리거나 절벽에 붙어 있을 수 있다면 뒤로 떨어진다고 생각하면서 서 있는 자세로 떨어져야 안전하다. 개인적으로 서서 떨어지는 것이 물속에 입수한 후에 물을 코로 들어가서 당황하는 일이 적게 되므로 안전하다고 생각한다.

4~5m 정도의 높이에서 다이빙도 하게 된다. 뒤로 몇 걸음 물러섰다가 앞으로 달려 그대로 물로 떨어진다. 순간적인 시간은 5~10초 밖에 안 되지만 개인적으로 느끼는 시간은 오래 지난 것 같은 긴장의 순간을 느끼게 된다.

준비물

1. 신고 간 운동화는 당연히 다 젖는다. 그러므로 신고 올 수 있는 슬리퍼나 새로운 운동화가 있어야 한다.
2. 추가적으로 입을 옷도 준비하는 것이 좋은데 이때 피부를 보호할 수 있는 긴 옷이 더 유용하다.
3. 수건도 비치 타올이 아닌 작은 것 2개 정도가 더 유용하다.

달랏 투어

유럽에서 캐녀닝이라는 엑티비티가 유행이다. 그래서 유럽의 여행자들은 베트남 달랏에서 저렴한 가격으로 캐녀닝을 즐기기 위해 찾아오는 여행자들이 늘어나고 있다. 그런 만큼 다양한 투어회사들이 생겨나고 있지만 저렴한 가격보다 안전하게 즐길 수 있는 회사인지 확인을 하는 것이 중요하다.

달랏 어드벤쳐 투어(Dalat Adventure Tours)

유럽에서 캐녀닝이라는 엑티비티가 유행이다. 그래서 유럽의 여행자들은 베트남 달랏에서 저렴한 가격으로 캐녀닝을 즐기기 위해 찾아 오는 여행자들이 늘어나고 있다. 그런 만큼 다 양한 투어회사들이 생겨나고 있지만 저렴한 가격보다 안전하게 즐길 수 있는 회사인지 확 인을 하는 것이 중요하다.

홈페이지_ www.adventuredalat.com
주소_ 33 Truong Cong Dinh, Phuong 1

하이랜드 홀리데이 투어
(Highland Holiday Tours)

최근에 달랏에서 캐녀닝이 인기를 끌면서 생 긴 전문 엑티비티 투어회사이다. 점차 캐녀닝 외에 자전거, 오토바이 투어로 확대하고 있다.

홈페이지_ www.adventuredalat.com
주소_ 31 Truong Cong Dinh, Phuong 1

달랏(Dalat) 엑티비티 주의사항

해외여행을 다니는 대한민국의 관광객이 늘어나면서 해외에서 사고도 많이 일어나고 있다. 베트남도 예외가 아니어서 달랏Dalat에서 즐기는 캐녀닝이나 활동적인 랑비앙 산 트케킹 같은 스포츠에서 사고가 일어날 수 있으니 사전에 안전장비와 기상상황을 확인하고 참가해야 한다. 바람이 강하거나 비가 오면 위험하기 때문에 기상을 확인하고 무리하게 참가하지 말아야 한다.

1. 달랏Dalat에서 엑티비티Activity 투어 상품은 보험이 가입되어 있지 않다.
   가능하면 한국에서 여행자 보험에 가입하고 여행을 시작해야 한다.
   - 엑티비티Activity 투어이므로 간단한 찰과상이나 타박상 등이 우기의 급류에서는 발생할 수 있어 사전에 상비약은 가지고 있는 것이 편리하다.
   - 물에 대한 두려움이 심하거나 심장병, 임신, 고소공포증, 기타 개인적인 어려움이 있으면 투어를 자제해야 한다.
   - 본인의 지병이나 가이드의 안내에 따르지 않아 발생하는 안전상의 문제에 대해서는 일절 책임지지 않는다.
   - 투어 진행시 무상으로 제공해주는 렌탈 장비(안전모, 구명조끼 등)등을 고객의 부주의로 인한 분실 및 파손 시 일부 금액을 고객이 본상 요구를 할 수도 있으니, 분실과 파손을 주의해야 한다.

2. 대부분의 투어는 해당 날짜에 모집된 고객과 같이 진행되는 통합하여
   투어로 진행되므로 픽업시간은 다소 유동적이다.

- 숙소 픽업과 출발 시간의 지연 등이 발생할 수도 있다.
- 투어 차량으로 진행되며 일반적으로 봉고차나 코치버스로 진행되지만 차량의 종류는 유동적이다.
- 개인의 사정으로 픽업 시간에 늦어 투어 출발차량에 탑승하지 못한 경우는 본인 과실로 환불이 안 된다.
- 픽업 시간은 투어 출발 시간 기준으로 15분 전부터 약속된 픽업 장소에서 대기하면 순차적으로 픽업차량이 확인하고 태우게 된다.

3. 달랏Dalat에서 판매하는 투어는 엑티비티Activity 투어 상품이다.
   투어에서 발생하는 귀중품의 분실이나 파손은 책임지지 않는다.

- 엑티비티Activity의 성격상 캐녀닝, 트레킹 같은 투어에서 안전문제가 예상하지 못하는 상황에 발생할 수 있다. 반드시 사전에 안전문제를 인지하고 시작해야 한다.
- 경우에 따라 방수 백에 물건을 담아두면 물에 빠지더라도 귀중품에 문제가 발생하지 않을 수 있다. 구명조끼를 입는다고 해도 상황에 따라 일부 모자나 선글라스, 슬리퍼 등의 파손이 발생할 수 있으니 조심해야 한다.
- 귀중품의 분실이나 파손 등은 일절 책임지지 않으므로 숙소에 두고 나오는 것이 안전하다.

달랏 기차역
Đà Lạt Railway Station

넓은 꽃밭을 따라 넓은 정원의 다양한 색이 관광객의 눈길을 끌어당기는 기차역은 유럽이 아닌 베트남에서 가장 아름다운 기차역으로 알려진 달랏 기차역$^{Đà Lạt}$ $^{Railway Station}$이다. 프랑스 식민지 시기인 1938년에 착공하여 달랏$^{Đà Lạt}$과 하노이^{Hanoi}를 연결하는 교통수단이었지만 전쟁 등의 이유로 운행이 중단되어 방치되었다.

달랏 기차역을 들어가면 파릇파릇한 녹색과 다양한 색의 꽃들이 관광객을 맞이한다. 입구를 지나 안으로 들어가면 당시에 사용하던 건물 그대로 아직도 옛 분위기를 풍기고 있다. 그래서 더욱 많은 관광객이 찾는 관광지로 변화하였다.

베트남에서 가장 아름답고 유명한 달랏 기차역$^{Dalat Railway Station}$은 더위를 피하기 위해 만든 힐 스테이션$^{Hill Station}$이지만 정치와 행정적인 기능을 가지고 있어야 했기 때문에 수도인 사이공(지금의 호치민)과 연결을 위한 철도역이다.

> 힐 스테이션 (Hill Station)
> 동남아시아의 습하고 뜨거운 더위를 피하기 위해 만든 유럽 제국주의 국가들의 피서용 주둔지

달랏 기차역(Dalat Railway Station) 역사
1903~1932년에 걸쳐 84km에 이르는 수도 사이공과 연결하는 공사기간이 30년이나 걸려 만들어야 할 만큼 달랏Đà Lạt은 고원지대에 위치해 있었다.

철도 연결을 마치고 1938년에 콜로니얼 양식이 가미된 아르데코 양식으로 철도역을 만들었다. 현재 베트남의 국가 문화유산으로 지정되어 보호되고 있다. 기차역을 들어가는 데에도 입장료(50,000동)가 있다. 달랏Đà Lạt이 1964년까지 베트남의 휴양도시로 성장하는 데 1등 공신이었던 달랏 기차역은 베트남 전쟁으로 운행이 중단되었다.

1990년대 기차 2량만 복원해 차이맛Chai Mat역까지 약 8km만 관광열차로 운행하고 있다. 현재 8km 떨어진 린프억 사원이 있는 차이맛 역Chai Mat까지 관광열차로만 운행하고 있다. (왕복 130,000동)

관광열차는 현재 5회에 운행하고 10명 미만일 때는 운행이 중단되며 천천히 운행을 하고 있다. 천천히 달리는 기차에서 시원한 바람을 가르며 차창 밖으로 펼쳐지는 아름다운 풍경은 낭만을 불러일으키는 옛 추억을 떠오르게 하는 시간을 가질 수 있다.

달랏 - 차이맛 관광 열차
Dalat - TraiMat Train

1932년 개통하였지만 곧 이어진 프랑스와의 전쟁으로 폐허가 되었던 철도를 1991년 베트남 철도는 관광부와 함께 협력하여 관광용으로 철도 노선을 다시 되살리기 시작했다. 19세기 분위기의 열차를 관광용으로 복원해 운행하고 있다.

달랏$^{Đà Lạt}$ 기차역에서 차이맛$^{Trai Mát}$ 기차역까지 연결되어 약 7km의 길이가 복구되어 관광열차를 즐길 수 있다. 목재로 만들어진 19세기 유럽풍 객실은 관광객들이 가장 인상이 깊다고 이야기를 한다. 객실 속에서 창밖을 바라보면 아름다운 달랏$^{Đà Lạt}$의 풍경을 보는 것은 덤이다. 구간은 약 7km로 짧지만 디젤로 운행되는 기관차와 옛 기차 내부의 모습은 베트남 사람들도 사진을 찍어 SNS로 올리는 유명한 관광열차(15~40명 탑승)가 되었다. 약 30분이 지나면 차이맛^{TraiMat}역에 도착하였다가 30분을 쉬고 다시 달랏 역으로 돌아온다.

시간_ 5시 40분, 7시 40분, 9시 50분, 11시 55분, 14시, 16시 05분 달랏(Dalat)역 출발

요금_ 150,000동(1등석), 135,000동(2등석)

달랏 니콜라스 바리 성당
Dalat St. Nicolas of Bari Cathedral

오래된 성당의 건물이 고딕양식으로 첨탑 높이가 47m로 높게 올라가있어 위압감을 주는 것이 아니라 소박한 모습이 아름다운 성당이다. 성모마리아가 성당을 보듬고 있는 것 같은 평화로운 분위기에 사진을 찍기에 좋은 장소이다. 달랏 시장Dalat Market에서 내려가면 쓰언흐엉 호수Xuan Huong Lake를 만난다. 호수에서 오른쪽으로 돌아 언덕으로 한참 올라가면 달랏 니콜라스 바리 성당을 볼 수 있다. 1942년에 지은 고딕 양식의 성당으로 베트남 중부지방에서는 가장 큰 규모의 성당이다. 탑의 높이가 47m로 쉽게 성당 전체를 사진에 담기가 쉽지 않다. 언덕 위에서 달랏의 푸르른 시내 전경을 감상하기에 좋은 장소이기도 하다.

성당 꼭대기를 바라보면 십자가 위에 닭이 있는 것처럼 보인다. 십자가 꼭대기에 닭 조형물이 있어 사람들은 별칭으로 '치킨 성당Chicken Cathedral'이라고 부르고 있다. 분홍색 건물이 동화 속에 나올 법한 분위기를 풍긴다고 이야기하는 유럽 관광객도 있어 다시 보니 분홍색 건물이 인상적인 것 같기도 하다.

> **미사참가**
> 주말에 가면 미사에 참가할 수 있었으나 최근에 미사참가를 거부하는 일도 있다. 가톨릭 성당이므로 미사시간이 길기 때문에 참가하려면 잠시 내부사진을 찍기 위해 들어갔다가 나오면 안 된다.
> 미사 시간 | 평일 05:15, 17:15
> 토요일 17:15
> 일요일 05:15/07:15/8:30
> 16:00/18:00

주소_ 15 Trần Phú, Phường 3, Thành phố
전화_ 263–3821–421

쑤언 흐엉 호수
Xuan Huong Lake

베트남 달랏Đà Lạt의 중앙에 있는 인공 호수인 이곳에서는 아름다운 정원을 따라 산책하거나 배를 타고 호수 주변을 둘러볼 수 있다. 호수 옆으로는 카페와 음식점들도 위치하고 있어 조용한 휴식을 하기에 적합하다.

쑤언 흐엉 인공호수가 만들어진 이유
달랏의 중심부에 있는 쑤언흐엉 호수Xuan Huong Lake는 1919년 프랑스가 베트남을 지배하던 시절에 만들어진 인공호수로 둘레만 약 6km에 달하는 거대한 호수이다. 당시, 베트남은 여러 차례 크고 작은 전쟁을 겪게 되면서 산림의 대부분이 훼손된 상황이었다. 비가 많이 오는 우기시즌에는 산림이 비를 막아주지 못해 홍수가 발생할 가능성이 높았다.

홍수를 막기 위해서 프랑스 식민정부에서 달랏Đà Lạt에 댐을 건설하기로 했고, 이 댐이 건설되면서 만들어진 인공호수가 바로 쑤언흐엉 호수Xuan Huong Lake이다.

지금의 쑤언흐엉 호수Xuan Huong Lake는 달랏 시민에게 휴식의 역할을 하고 있다. 호수 주변을 산책하거나 카페에 들어가서 한가로운 시간을 보낼 수 있다. 호수에는 서울의 한강에서 타던 놀이용 보트를 탈 수 있으며, 호수 주변은 마차나 자전거를 타고 돌아볼 수 있다.

이름의 유래
쑤언흐엉 호수의 유례 쑤언흐엉(Xuan Huong)을 한자로 표현하면 춘향(春香)이란 뜻이다. 17세기에 활동한 유명한 시인의 이름인(Xuan Huong)을 따 붙여졌다.

달랏 시장
Dalat Market

달랏 시장은 달랏의 다른 관광지로 이동할 때 기준점 같은 역할을 하기 때문에 달랏 중앙시장^{Dalat Central Market}이라고 부르는 사람들도 있다. 그만큼 중앙에 위치해 있다는 이야기이다. 쑤언흐엉 호수^{Xuan Huong Lake}를 돌아 시내로 들어오면 'Cho Da Lat'이라고 적혀있는 건물과 분수대 조각상이 보이는 곳이 바로 달랏 시장^{Đà Lạt Market}이다. 호치민의 통일궁을 디자인한 응오 비엣투^{Ngo VietThu}가 설계한 건물이다. 베트남에서 유명한 건축가가 디자인할 정도로 시장 같지 않은 외관을 자랑한다.

달랏 시장^{Đà Lạt Market} 정면의 커브를 그리는 디자인을 가지고 있다.

달랏^{Đà Lạt}을 대표하는 시장에서는 달랏^{Đà Lạt} 사람들의 생활자체를 볼 수 있다. 달랏 시장^{Dalat Market}은 밤이면 야시장이 매일 열리기에 더욱 활기를 띄게 된다. 다양한 고랭지 농산물과 달랏^{Dalat}에서 생산되는 채소와 베트남에서 먹기 힘든 사시사철 생산되는 딸기 등을 베트남의 열대과일과 같이 판매하고 있다. 달랏 시장^{Dalat Market}에는 아티초크 차, 딸기잼, 와인, 커피, 캐슈넛 등 달랏^{Đà Lạt}에서 관광객이 살 품목이 너무 많다. 쇼핑리스트에 적어온 목록들을 저렴하게 구매할 수 있는 달랏 중앙시장^{Đà Lạt Market}에서 쇼핑에 빠져 있는 관광객을 많이 볼 수 있다.

달랏 야시장
Dalat Night Market

달랏 시내 중심에 위치한 원형 광장과 계단과 그 위의 거리에서 밤마다 열리는 야시장이다. 달랏에서 밤마다 즐길 수 있는 가장 특색 있는 장소라고 할 수 있을 것이다. 다른 베트남 도시에도 야시장이 있지만 규모가 크고 관광객만 있는 야시장이 아니라 현지인들이 더욱 많아서 색다르게 다가온다.

계단에 앉아 있는 사람들과 거리를 가득 채운 사람들이 인산인해를 이룬다. 특히 보기 드물게 야외 화로에서 음식을 구워 먹을 수 있어 시원한 밤하늘 아래 활기 넘치는 야시장 문화를 체험할 수 있다. 단 저녁이후로는 춥기 때문에 의외로 감기에 잘 걸리게 된다. 그래서 긴팔과 얇은 패딩이 있으면 감기를 예방할 수 있다.

반짱느엉
Bánh tráng nướng

반짱느엉^{Bánh tráng nướng}은 달랏 시장에서 흔히 볼 수 있는 달랏의 대표 음식 중 하나이다. 만드는 법도 아주 간단하여 반짱 ^{Bánh tráng}이라는 라이스페이퍼 위에 각종 토핑을 선택해 올린 뒤 소스를 넣고 구우면 베트남식 피자인 반짱느엉^{Bánh tráng nướng}이 완성된다.

숯불 향이 가득 베어 더 맛있는 달랏의 반짱느엉은 소스를 찍어 먹어도 맛있고 그냥 먹어도 맛있다. 사실 어떻게 먹어도 맛있다. 달랏에 가면 꼭 반짱느엉^{Bánh tráng nướng}은 먹고 오게 된다.

달랏 시장의 다양한 모습

람비엔 광장
Lâm Vien Square

쑤언 흐엉 호수 옆에 위치한 달랏Dalat에서 가장 큰 광장이다. 숲을 의미하는 '람비엔Lâm Vien'이라는 뜻과는 다르게 현재는 시멘트로 만든 광장이지만 달랏Dalat 시민들이 쉬는 공간이다. 특히 저녁부터 밤까지 다양한 공연과 엑티비티를 즐기는 젊은 사람들이 모여드는 젊음의 공간이기도 하다. 또한 광장 위에 빅 C 마트Big C가 있어 관광객도 자주 찾고 있다.

빅 C 마트
Big C

달랏^{Dalat}에서 쇼핑을 하려고 하면 인근에 빅C 대형마트와 랑팜^{Lang Farm}이 있다. 제품은 오전이나 폐장하기 1시간 전에 들어가서 할인이 되는 제품을 확인하고 쇼핑하는 것이 좋다. 베트남 커피나 소스 등 한국인이 많이 구입하는 제품에는 인기 품목이라는 표시를 해두었다.

태국의 센트럴그룹^{Central Group}의 대형 마트로 베트남 개방 초기에 베트남에서 영업을 시작한 슈퍼마켓이지만 달랏^{Dalat}에서는 가장 큰 대형 마트로 람비엔 광장 지하에 위치한 명소가 되었다. 보통의 대형 마트와 비슷한 쇼핑몰과 푸드 코트가 같이 입점하여 관광객과 현지인들이 찾는 매장이다.

///

홈페이지_ www.bigc.vn
주소_ Quàng Truòng Lâm Vien Dùòng Tràn Quòc
시간_ 7시 30분~22시 30분
전화_ 263-3545-088

랑팜
Lang Farm

달랏^{Dalat} 시장위로 올라가는 계단에 위치한 랑팜^{Lang Farm}은 달랏^{Dalat}에서 생산되는 다양한 특산물을 볼 수 있어서 관광객이 꼭 들러서 구입하는 장소이다.

달랏의 특산품인 와인과 커피, 다양한 차, 말린 식품 등 100여종의 다양한 제품들이 구비되어 있다. 다만 베트남 물가에 비해 비싼 제품들이 많아서 구매하기가 꺼려진다고 하는 관광객도 있지만 고급스러운 제품들이 선물용으로 제격이라는 이야기도 있다. 주로 인근의 달랏^{Dalat}에서 만드는 농산물을 제품으로 만들어 판매하고 있다.

///

홈페이지_ www.langfarm.com
주소_ Càu thang Mòng Dep, Phuòng 1
시간_ 7시 30분~22시 30분
전화_ 263-3912-501

랑비앙 산
Langbiang

달랏^{Đà Lạt}에서 가장 높은 위치에 있어서 '달랏^{Đà Lạt}의 지붕'이라고 부르는 2,167m(해

발 1,970m)의 랑비앙 산^{Langbiang}은 로미오와 줄리엣의 러브스토리와 닮은 '끄랑^{K'Lang}'청년과 '흐비앙^{Ho Bian}'처녀의 전설 같은 사랑이야기가 숨어있다.

달랏^{Đà Lạt}시내에서 그림처럼 펼쳐진 랑비앙 산의 뷰포인트인 전망대까지 지프차를 타고 올라가면 곡예 주행을 하는 것처럼 짜릿하다. 내려오는 약 20여 분도 재미있는 경험일 것이다.

Truyến thuyét LangBiang

1950m
Đinh Radar

2167m
Đinh Radar LangBiang

Bãi Mimosa

Thung Lũng Trăm Năm

Khu vực đón Tiếp

랑비앙 산 가는 방법
LAC DUONG 행 버스(12,000동) 타기 → 30~40분 이동 → 지프차(360,000동) 타고 이동하거나 직접 트레킹 하기 → 걸어서 2,167m 정상 오르기

LAC DUONG 행 버스
▶버스 시간 : 8:45/10:15/11:15/13:45/15:15
　　　　　　 16:4/ 17:15
▶금액 : 12,000동

'끄랑(K'Lang)'청년과 '흐비앙(Ho Bian)' 처녀의 전설

랑비앙 산에는 랑(Lang)이라는 청년과 비앙(Biang)이라는 처녀의 동상이 있다. 베트남 판 '로미오와 줄리엣'이라고 할 수 있는 애절한 사랑의 전설이다. 산에 랑(Lang)이라는 랏(Lat)족의 남자와 비앙(Biang)이라는 칠리(Chilly)족 여자가 서로 사랑을 했지만 둘은 서로 민족이 다르기 때문에 결혼을 할 수 없었고 결국 서로의 사랑을 유지하기 위해 동반 자살을 택했다. 그 후 비앙(Biang)의 아버지는 딸의 죽음을 너무 후회하면서 두 민족의 결혼을 승낙하게 되었고 두 민족의 젊은 남녀는 서로 사랑을 하게 되었다고 한다. 민족이 다르다는 이유로 결혼을 할 수 없는 두 사람은 사랑을 지키기 위해 죽음을 선택했다는 전설이 두 민족의 화합으로 크호(K'HO)족으로 불리게 되었고 랑(Lang)과 비앙(Biang)을 기리기 위해 랑비앙(LangBiang) 산으로 부르게 된 것이다.

클레이 터널
Clay Tunnel

달랏Dalat에서 남쪽으로 약 15㎞ 떨어져 있는 조각 공원에는 점토를 가지고 수작업으로 만들어졌다. 찰흙 터널, '찰흙 마을'로도 알려진 클레이 터널은 최근에 달랏Dalat의 새롭고 매력적인 관광 명소가 되고 있다. 달랏Dalat 조각 터널은 2010년 뚜엔 람Tuyen Lam 호수 옆에 건설되었다.

조각품은 모두 베트남 중부 고지대에서 발견되는 현무암과 짙은 붉은 점토로 만들어졌다. 달랏Dalat의 역사를 재구성하고 대형 스쿠터와 동물에 이르기까지 다양한 내용을 담고 있다. 내부에 점토로 만든 집은 베트남 기록부에 의해 가장 독창적인 스타일을 가진 최초의 굽지 않은 붉은 벽돌집으로 인정되었다.

주소_ Phường 4, Thành phố Đà Lạt, Lâm Đồng **요금_** 60,000동(어린이 40 000동)

트린 타이 둥(Trinh Thai Dung)
공원은 2016년에 문을 열었으며 트린 타이 둥(Trinh Thai Dung)의 작품이다. 둥은 호치민시에서 달랏(Dalat)으로 이전하여 독특한 관광 명소를 열겠다는 꿈을 이루었다고 한다. 둥은 지역 관광을 홍보하고 네덜란드에서 영감을 얻었다. 프로젝트 초기에 현무암 점토를 특수 혼합물과 혼합하여 2 개의 점토 집을 지었고, 이를 통해 고온에서 빵을 굽지 않고 점토를 단단하게 만들 수 있었다고 한다.
그는 2 개의 점토 주택으로 성공한 후 약 2㎞ 길이의 터널을 계속 건설하여 달랏 도시의 전체 개발을 재현하여 입구로 들어갈 때 코끼리, 원숭이와 같은 자연 경관을 감상 할 수 있도록 구성하였다. 내부에는 예신(Yesin) 박사가 발견 한 후 달랏(Da Lat)시의 착취, 개발 과정에 대한 내용이 있다.

방문하기 좋은 시간
낮 12시가 되면 그늘을 만드는 나무가 없기 때문에 매우 뜨겁다. 그래서 아침이나 늦은 오후에 방문하는 것이 좋다. 터널의 양쪽에 갈색 조각이 있어 햇빛의 복사열이 저장되면서 매우 뜨겁다.

코끼리 폭포
Elephant Waterfall

우기에 찾으면 많은 양의 폭포수가 떨어지면서 만들어내는 물안개가 아름답지만 때로는 흑탕물이기 때문에 건기에 가는 것이 더 아름답다. 달랏에서 가장 큰 폭포로 경치가 좋아서 관광객이 많이 찾지만 정비 상태가 좋지 않다.

내려가는 길이 안전시설이나 계단이 정비되어 있고 돌은 물에 젖어 미끄러워서 운동화를 신고 가야 안전하다. 폭포 밑으로 더 내려가면 쓰레기가 많고 난간은 낡아서 폭포 밑으로 이동하는 것을 추천하지 않는다.

우기

건기

위에서 바라본 코끼리 폭포

아직 잘 모르는 관광지 Best 2

프렌 폭포(Prenn Waterfalls)

다딴라 폭포 남쪽으로 5㎞ 정도 이동하면 다시 하나의 폭포가 나온다. 작은 냇물과 각종 기념품을 파는 상점들이 나오고 엉성하지만 식물원과 코끼리, 타조 체험장이 있다. 다딴라 폭포에 비해 인기가 덜하지만 비가 온 다음에 내려오는 폭포는 더 아름답다고 이야기하기도 한다.

주소_ 20 Đường cao tốc Liên Khương Prenn, Phường 3, Thành phố **시간_** 9~17시 **요금_** 40,000동(어린이 20,000동)

> **다딴라 VS 프렌**
>
> 다딴라 폭포는 몇 번에 걸쳐 내려오지만 프렌 폭포(Prenn Waterfalls)는 많은 양의 물이 한번에 쏟아지기 때문에 우기에 더욱 아름답게 내려오는 폭포의 모습을 볼 수 있다. 다딴라 폭포처럼 폭포 위를 오가는 케이블카도 있다. 다딴라 폭포는 가까이 가기가 힘들지만 프렌 폭포(Prenn Waterfalls)는 폭포 안까지 이동할 수 있어서 폭포수를 체험하기에는 프렌 폭포(Prenn Waterfalls)가 더 낮다. 안으로 들어가려면 옷이 젖기 때문에 여벌의 옷을 준비해 가는 것이 좋다. 폭포 안에서 폭포수를 바라보는 경험은 색다르기 때문에 추천하는 폭포이다.

소수민족 타운 랑쿠란(Làng Cù Lân)

달랏 시내와 거리가 있지만 관광객들에게 꾸준한 인기를 얻고 있는 관광지이다. 대한민국의 민속촌과 비슷한 마을로 베트남 소수민족, 거허족이 만든 민속마을로 '어리석다'라는 고유 언어에서 따온 '쿠란'이라는 뜻을 가지고 있다.

거허족 남자가 짝사랑하는 여인을 위해 정성으로 마을을 꾸몄으나 여인과의 사랑이 이루어지지 못해 붙여졌다. 액운을 막아준다는 장대를 중심으로 원주민 가옥들과 거허족 장식품, 장승을 닮은 조각상들이 특이하다.

랑비앙 VS 랑쿠란

랑비앙 산 정상에서 맛보는 차가 인상적이라면 쿠란 마을에는 아름다운 호수 풍경을 내려볼 수 있다. 카페에서 호수를 바라보면서 마시는 커피가 평화로운 마음을 가지게 한다. 이른 아침에 호수 위로 올라오는 물안개와 아침 햇살에 호수가 반짝이는 모습은 아름답다.

쿠란 마을의 풍경 & 준비물

토속적인 기념품을 팔고, 고구마를 굽고 있으며, 나팔과 징 소리에 정기적인 민속공연도 있다. 푸른 잔디밭에서는 오리와 말이 유유자적 놀고 있는 모습이 평화롭다. 안정감과 평화로움이 있는 곳이다. 나무들이 울창하지만 날씨가 덥다면 파리와 모기, 각종 벌레들의 공격이 있으니 사전에 긴팔을 준비하는 것이 좋다.

가는 방법

도로를 걸어서 마을로 향하거나, 지프차로 오프 로드를 달려 가는 방법이 있다. 랑비앙 산과 다르게 쿠란 마을 지프차는 미국 자동차이다. 덜컹덜컹 험난한 강과 바위를 가로질러 이동하는데 승차감이 재미있다고 하기도 하고 어지럽다고 하기도 한다. 비가 오면 주위의 진흙에서 튀어나오는 진흙탕의 물들이 옷에 튀는 경우가 많다.

쿠란 마을의 풍경

뚜엔람 호수
Tuyển Lâm Lake

달랏Đà Lạt에 있는 인공 담수호로 320ha의 면적을 가지고 있다. 달랏을 대표하는 호수가 쑤언 흐엉 호수이지만 베트남 남부에서 가장 아름다운 호수는 뚜엔람 호수 Tuyển Lâm Lake를 이야기한다. 야생의 아름다움과 매력을 가진 호수에는 많은 작은 오아시스와 소나무 숲이 있다.

1930 년대에 지어진 호수는 자주색 시내와 산으로 둘러싸여 있다.

1987년 임업회사는 띠아Tia 강을 가로 질러 댐 댐을 건설하면서 '매력적인 물'이라는 의미로 '뚜엔 람Tuyen Tam' 호수로 바뀌었다.

뚜엔 람 호수Tuyen Lam Lake는 포이닉스 Phoenix 산기슭에 있어서 쑤언 흐엉 호수와 다른 매력이 있다. 호수는 푸른 소나무로 둘러싸여 차가운 공기를 마시면 편안함을 느끼게 된다. 와인을 마시기 위해 호수에서 소풍이나 캠핑을 하기에 이상적인 장소이다.

주소_ Ho, Tuyển Lâm, Phuong 4

음상이 웃음을 지어보이는 표정이 방문
객들의 마음을 사로잡는다. 다만 사원이
역사를 가진 사원은 아니므로 다양한 사
원의 모습을 보기는 힘들다.

린언 사원
Linh An Pagoda

코끼리 폭포와 인접해 있는 사원으로 코
끼리 폭포를 보고 나서 찾는 곳이다. 1999
년에 시작된 공사는 1,400㎡의 본 사원의
규모로 유명세를 탔다. 또한 12.5m의 관

주소_ Chua Linh An, TT, Nam Ban, Lam Ha
전화_ 263–3852–713

도멘드 마리 교회
Domaine de Marie

달랏Dalat 시내 중심에서 남서쪽으로 약 1㎞ 떨어진 곳에 있는 누고 꾸엔 거리Ngo Quyen Street에 위치한 교회는 1930년에 완공되었으나 1943년에 독특한 형태로 재건되었다. 과거 교회는 수녀의 수도원이었다. 1975년 이후, 수도원과 공공시설로 사용되었다.

교회는 17세기에 유럽 스타일로 설계되었으며, 달랏Dalat 에 있는 어떤 교회 보다도 바인더 형태로 건축됨으로써 독특한 건축 양식을 갖추고 있다. 교회는 원래 종탑 없이 지어졌지만 현재 교회에는 종탑이 있으며, 타워는 메인 홀 바로 뒤에 작은 종으로 자리 잡고 있다. 교회 뒤편에는 수녀원의 3층 집이 3채가 남아있다.

주소_ 1 Ngo Quyen, Phuong 6

건축의 묘미

삼각형의 십자형 건물은 너비 11m, 길이 33m의 중앙 문에서 홀로 들어가는 계단이 2개 있다. 현관에는 십자가가 붙어있는 지붕의 뾰족한 끝 부분에 무게 삼각형으로 디자인되었으며 , 앞에는 작은 모양의 아치가 장식되어 있다. 지붕 꼭대기 부근의 수직면 중앙에는 원형의 장미모양의 창이 있다. 17세기 베트남에서 생산된 빨간 타일로 덮인 지붕은 따이 쭝우엔Tay Nguyen민족의 집 모양의 지붕을 본 따서 만들었다. 지붕의 창은 스테인드글라스가 교회의 공간을 보다 밝게 비추는 매력적인 포인트를 만들어 냈다.

벽은 북부 프랑스인 노르망디 지방의 건축 양식을 모방했다고 한다. 지붕 아래의 벽은 상당히 두껍고, 문은 내부 깊숙한 곳에 감추어져 어두운 색조의 스테인드글라스를 분명하게 볼 수 있다. 교회가 완공된 이래 짙은 핑크색 석회로 벽을 칠하면서 지금의 모습을 갖추었다.

케이블카
cable car

달랏을 한눈에 조망할 수 있는 방법 중 하나가 총 길이 2.3㎞를 20분 정도 케이블카를 타는 것이다. 케이블카를 타고 가면 쭉람 서원Thiền viện Trúc Lâm에 도착한다. 카드를 발급 받고 케이블카에 탑승한다.

4명 정도 탑승하면 가득 차는 조그만 케이블카이므로 직원이 대부분 일행들끼리만 앉을 수 있도록 해준다.

케이블카 안에서 바라보는 달랏 풍경은 저절로 힐링이 될 정도로 아름답다. 아파트가 아닌 초록한 논과 산, 하늘이 멀리까지 바라볼 수 있다. 특히 케이블카 너머로 보이는 울창한 숲의 나무들이 인상적이다. 현재, 대한민국에서 쉽게 보지 못하는 풍경들이기에 신기하다.

TTC 월드
TTC World

달랏Dalat 도심에서 북동쪽으로 약 6㎞ 떨어진 곳에 위치한 TTC 월드TTC World_사랑의 계곡Love Valley은 시끄러운 도시와 완전히 다른 세상을 보여준다. 1차 공사로 6,000㎡ 면적의 라벤더를 심어 아름다운 풍경을 멀리서도 보여주도록 설계하고 2차 공사 때는 10,000㎡로 확장하여 푸른 소나무 언덕과 다 띠엔Da Thien 호수 주변의 붉은 흙길이 구불구불한 언덕이나 구름에 랑비앙Langbiang 꼭대기로 이어지도록 만들었다. 최근에는 실내 공간에 공사를 시작해 종합 리조트 단지로 변신하고 있는 중이다.

다 띠엔 호수Da Thien Lake는 호수를 걸어 다니면서 순수한 자연에서 힐링을 느끼는데 이상적인 휴식 장소이다. 시원한 기후는 산마을의 신선한 공기를 만들어 심호흡을 하고 싶게 만든다. 수채화처럼 아름다운 경치에 감탄할만한 화려한 꽃 문을 통과하는 길과 계단을 따라 꽃과 잔디로 덮인 언덕이 이어진다. 길을 따라서 반지, 3D 꽃 계단, 사랑 나비 꽃, 플라밍고 꽃밭, 꽃 거리, 아담과 미니어처, 큐피드 신의 이미지를 볼 수 있다. 언덕 꼭대기에서 내려다보면 사랑의 계곡은 물과 매력적인 물 그림과 같다. 언덕의 곡선은 고대 깔개처럼 부드럽게 휘어지도록 설계되었다.

TTC월드TTC World는 꽃 클러스터를 운영하고 있는데, 커다란 공간은 여행자들을 놀라게 할 정도로 큰 5,000㎡의 수국 정원

주소_ 3-5-7 Mai Anh Đào, ward 8, TP. Đà Lạt.　**전화_** 1900-55-88-55

이 대한민국 여행자에게 인상적이다. 하지만 베트남 관광객들은 특히 열대기후에서 볼 수 없는 딸기 정원을 운영해 인기를 얻고 있다. 대한민국과 다르게 베트남에서는 볼 수 없는 과일을 재배할 수 있는 기후를 활용한 관광자원이다. 관광객들은 온실, 벽, 야외에서 환경에 따라 다른 형태로 자란 딸기 정원을 운영하고 있다. 직접 농부가 되어 익은 열매를 따는 느낌을 경험하도록 한 것이다. 꽃의 관람을 끝내고 카페에서 신선한 딸기로 만든 딸기 스무디를 즐길 수 있다. 딸기 아이스크림, 딸기 모히토가 가장 인기가 있는 메뉴이다.

사랑의 계곡
THUONG Lũng Đà Lạt

다티엔 호수를 둘러싸고 있는 전나무가 숲을 이루고 계곡이 아름답게 하나의 정원처럼 이어져 있다. 프랑스 식민지 시절에 개발하여 사랑의 계곡이라고 지어진 이름이 지금까지 이어져 오고 있다.

현재 달랏 청춘들의 데이트 코스로 인기를 끌고 있는 곳에 이름까지 어우러져 더욱 많은 관광객도 찾고 있다. 사랑을 주제로 한 공원이 조성되어 다양한 건축물이 축소되어 전시되어 있다. 웨딩사진을 찍는 연인들을 주말에 많이 볼 수 있다.

주소_ 3-5-7 Mai Anh Dao
시간_ 6~19시 **요금_** 100,000동(어린이 50,000동)
전화_ +84-263-3821-448

이름의 유래

프랑스 식민시절인 1930년대에 프랑스 사람들은 꽃이 피어나는 이곳을 "사랑의 계곡Valley d' Amour" 이라고 불렀다. 바오 다이(Bao Dai) 왕이 죽고 나서 이름을 "호아빈 밸리Hoa Binh valley"로 바뀌기도 했다. 그러다가 1953년 쭝우엔 비(Nguyen Vy)가 시의회 의장이었을 때, 계곡에 수많은 꽃이 장식되면서 연인들이 찾으러 오면서 사람들은 다시 사랑이 찾아왔다며 사랑의 계곡으로 불러지기 시작했다. 다띠엔 호수(Da Thien Lake)를 지금처럼 아름답게 만든 것은 1972년에 댐이 건설되면서 만들어진 풍부한 물이 공급되면서 많은 꽃이 필 수 있었기 때문이다. 그 후, 프랑스어로 잔디 위에 '사랑의 계곡'이라고 쓰고 관리를 하기 시작했다.

꽃 정원
Vūon Hoa Đà Lạt

쑤언 흐엉 호수의 북쪽으로 가면 거대한 꽃 정원이 나타난다. 꽃의 도시라고 이름 지어진 이유가 꽃 정원 때문이다. 약 7,000㎡의 공간에 선인장부터 호수, 풍차, 꽃시계 등으로 꾸며 놓았다.

겨울인 12~1월에는 대규모 꽃 축제가 개최되어 많은 관광객들 찾고 있다. 또한 연인들은 다정하게 사진을 찍는 대표적인 장소로 이제는 달랏의 대표 명소가 되었다.

달랏 꽃 정원은 람동^{Lam Dong} 주에서 가장 큰 꽃 공원이다. 화원은 쑤안 흐엉 호수^{Xuan Huong Lake} 옆에 위치해 물이 풍부하다. 아름답고 귀중한 꽃 300여 종이 전시되어 있다. 장미, 미모사, 일본 데이지, 진달래, 수국, 거베라, 꿀, 난초, 선인장 등 수없이 다른 종의 꽃이 전시되어 있다.

주소_ Trần Quốc Toản, Phường 1, Đà Lạt, Lâm Đồng
시간_ 7시30분~18시 **요금**_ 40,000동

간략한 역사
달랏 꽃 정원은 비치 카우(Bich Cau) 꽃밭에서 1966년부터 꽃을 심고 버리는 사람들이 모여들면서 시작되었다. 1985년에 관광객들을 위한 꽃을 심기 시작했다. 꽃 정원은 달랏(Dalat) 도심에서 약 2㎞ 떨어진 쑤안 흐엉 호수(Xuan Huong Lake)의 동쪽으로 이동하였다. 지금은 장미, 수국, 미모사 등의 300종 이상의 꽃이 있는 신선한 꽃 박물관으로 여겨지고 있다.

정원의 구성
버스에서 내리면 꽃밭 문이 줄 지어있는 수천 개의 화분이 만든 다채로운 원호 모양으로 설계되었다. 문을 통과하면 꽃을 보면서 정원을 지나간다. 복도 옆에는 스프링클러가 원형으로 뿜는 물이 보이기도 하고 소나무가 보이기도 한다. 몇 걸음만 가면 관광객들이 쉬고, 포즈를 취할 수 있도록 귀여운 모델을 볼 수 있다.

'꽃의 도시' 달랏(Đà Lạt)

달랏^{Đà Lạt}은 정원부터 호수와 산 등에서 1년 내내 다양한 꽃이 많이 피고 지는 풍경을 볼 수 있다. 달랏의 날씨가 좋아서 달랏^{Đà Lạt}은 베트남 사람들에게 '꽃의 도시'로 각인되어 있다. 달랏에서 다채롭고 아름다운 꽃들을 구경하고 싶다면 반딴^{Vạn Thành}과 따이 삐엔^{Thái Phiên}, 하동^{Hà Đông} 등의 꽃 정원을 찾아가면 된다.

반딴^{Vạn Thành} **꽃 정원_** 43 Vạn Hạnh, Phường 5, Thành phố Đà Lạt, Lâm Đồng
삐엔^{Thái Phiên} **꽃 정원_** Phường 12, Thành Phố Đà Lạt, Tỉnh Lâm Đồng

1. 타이완 벚나무 Mai Anh Đào

달랏 Đà Lạt 에는 달랏 Đà Lạt 을 상징하는 꽃인 '마이 안 따우 Mai Anh Đào'이 많다. 2~3월에 꽃이 피는 마이 안 따우는 우리말로는 '타이완 벚나무'라고 한다.

2. 라벤더

최근, 몇 년 전부터 달랏 Đà Lạt 에서 라벤더를 심기 시작해 관광객들이 좋아하는 꽃으로 사랑받고 있다. 특히 여성들이 영화에 나올 것 같다고 꼭 사진을 찍기 위해 찾는다.

3. 흰색 유채꽃

달랏 사람들이 씨앗과 기름을 얻기 위해 흰색 유채꽃을 많이 심었다. 흰색 유채꽃이 피는 10~12월까지 아름다운 꽃을 보기 위해 많은 관광객이 이곳을 찾는다.

4. 나무마리골드

나무 마리골드는 국화과의 멕시코 해바라기 꽃으로 달랏의 람 비엔 Lam Vien 광장의 상징이 될 만큼 인기가 많다. 나무 마리골드는 11월부터 1월까지 피는데 달랏의 시내 어디에서든 쉽게 볼 수 있다.

5. 보라색 불꽃 나무

1960년대부터 달랏에 보라색 불꽃 나무를 심기 시작했다고 한다. 겨울이 끝나가는 2~3월에 달랏에서 보라색 불꽃 나무를 많이 볼 수 있다.

6. 해바라기

달랏은 2015년에 첫 해바라기를 심은 이후로 달랏 사람들이 가장 신기하게 생각하는 꽃이 되었다. 유명한 해바라기 밭은 달랏 우유 Dalat Milk 회사 내에 있다고 한다.

7. 분홍색 잔디

분홍색 잔디는 달랏 시외의 언덕에서 자라는 야생 잔디이다. 12월 말에 수오이 방 Suối Vàng 호수, 뚜엔람 Tuyền Lâm 호수, 따이 피엔 Thái Phiên 마을 등과 같은 곳에서 아름다운 분홍색 잔디를 볼 수 있다.

8. 수국

수국은 최근 여러 곳에 수국 밭이 생길 정도로 인기가 많다. 많은 달랏의 연인과 젊은 사람들이 가서 사진을 찍는다.

9. 흰색 양제갑

12~1월까지 피는 양제갑은 겨울이 오면 흰색 양제갑이 달랏의 하늘을 뒤덮는다.

타이완 벚나무

라벤더

흰색 유채꽃

나무마리골드

보라색 불꽃 나무

해바라기

분홍색 잔디

수국

흰색 양제갑

XQ 자수 박물관
XQ Dalat Su Quan

작품에 생명을 불어넣는 바늘 끝에서 살아나는 그림을 만날 수 있다. 베트남 장인들이 작품들 마다 한 땀, 한 땀 비단실로 꿰매 아름다운 작품을 만들어낸다. 오래된 전통을 보여주는 베트남 전통가옥을 들어가면 베트남의 문화가 깃든 건축물과 정원이 있다. 작업실에서 다양한 색상의 비단실로 작업을 하고 있다. 미로 같은 집을 따라 걸으며 다양한 작품을 만날 수 있다. XQ는 색조 스타일의 전통 건축과 그림 전시회까지 볼거리가 많다.

베트남의 예술로 전통 수공예 손 자수의 이름으로, 약어로 'XQ'라는 두 단어는 'XQ '자수 회사 인 'Vo Van Quan'을 설립한 커플의 이름이다. 'Quan'과 'Xuan'은 전통 자수와 회화 예술을 결합하여 베트남에 새로운 색 자수 학교를 만들면서 손 자수의 새로운 방향을 제시했다.

홈페이지_ www.xqvietnam.com
주소_ 258 Mai Anh Dao, Phuong
　　　(사랑의 계곡을 가기 전 100m)
시간_ 8~17시
요금_ 100,000동
전화_ +84-263-383-1343

ㅣ 간략한 XQ 역사
1990~1992년에 콴(Quan)과 미스터 쑤언(Mr. Xuan)은 국토와 삶의 주제에 대한 수공예 작품을 발표했다. 1992년 말에 달랏(Dalat)으로 가서 자수 강좌를 개설하고 전문 자수를 할 수 있는 인재를 양성하기 시작했다. 현재까지 XQ는 20년 이상의 개발을 통해 2,000여 명의 장인을 양성했다.

린푸옥 사원
Linh Phooc Pagoda

1952년에 건설된 사원은 1990년도에 증축을 하면서 커진 규모와 화려함을 가지게 되었다. 7㎞정도 떨어진 린푸옥 사원은 관광열차를 타고 30분 정도 달려 종착역인 차이맛 역에 내리면 된다. 무료입장이 가능하며 목조와 도자기를 깨서 만든 장식으로 화려하게 꾸며져 있으며 7층 석탑도 관람이 가능하다.

한자로 '영복사(營福師)'라고 씌어 있는 린푸억 사원이 있다. 49m높이의 사원과 7m높이의 용은 모두 도자기 조각들로 만들어져 보기만 해도 화려함에 감탄을 자아낸다. 나란히 세워진 높이27m 7층 종탑은 각 층마다 형형색색 도자기 조각으로 만든 모자이크가 눈길을 사로잡으며 2층에는 8500㎏의 청동종도 진열되어 있다. 삼장법사 이야기를 조형물로 만들어 놓은 것도 찾아보면 볼 만하다.

소원을 종이에 적고 붙이면 종을 울려 기원해 보는 것도 재미있는 추억을 남기기에 좋다.

쭉 람 서원
Thiền viện Trúc Lâm

호수 바로 위에 있는 수도원으로 1993년에 시작된 수도원은 베트남의 옛날 모습을 여전히 유지하고 있어서 색다르게 느껴지는 장소이다. 프랑스와 중국의 건축 양식이 혼합된 건축물로, 외관은 황토색이며 이국적인 분위기를 풍긴다. 길쭉한 나무들과, 아름다운 꽃들로 정원을 잘 가꾸어 놓았다.

절이자, 공부를 하고 도를 닦는 곳에서 경건하게 기도하는 사람들은 대부분 현지인 방문객이다. 향을 많이 피워놓아서 은은한 향냄새가 풍겨온다. 아래로 내려가면서 산책을 할 수 있고 계속 내려가면 큰 호수가 나온다. 호수에서 배도 탈 수 있는데 운치가 있어서 추천한다. 가끔 스님이 예배를 드리는 장면을 볼 수 있다. 청아하게 들리는 서원에서 경건하고 평화로운 풍경을 느낄 수 있다.

쭉람 서원Thiền viện Trúc Lâm은 케이블카를 타고 약 10분 정도 올라가면 나오는 데 케이블카를 타면서 발밑을 지나가는 도시와 소나무 숲을 볼 수 있다. 달랏은 다른 베트남 지역보다도 고지대에 위치해 서늘하게 느껴진다. 그런데 쭉람 서원은 케이블카를 타고 더 올라가기 때문에 얇은 긴 팔이나 바람막이를 챙겨가는 것이 한기를 느끼지 않을 것이다.

> **입장 주의사항**
>
> 절이기 때문에 짧은 바지와 치마, 민소매는 입장이 안 되므로 사전에 긴팔과 긴 바지를 준비하자.

주소_ Trúc Lâm Yên Tử, Phường 3
요금_ 80,000동(왕복)

바오다이 제3 궁전
Bao Dai 3rd Palace

달랏 시내에서 남서쪽으로 2㎞ 정도 거리에 있으며 1933년에 지어졌다. 별장에는 다양한 예술작품과 골동품들이 전시돼 있다. 1층에는 응접실과 회의실. 2층에는 침실이 있는데 화려하기보다는 소박한 느낌이다.
1933년 베트남의 마지막 황제인 바오다

이 황제의 여름 별장이다. 바오다이와 그의 아들 바오롱Bao Long은 여름 동안 코끼리나 호랑이 등을 사냥하기 위한 별궁으로 이곳을 사용했으며 오락을 즐기기도 했다. 프랑스풍의 인테리어로 꾸며진 25개의 방은 약간의 보수공사를 거친 후 현재는 호텔로 사용되고 있다

주소_ Dinh 3 Bao Dai Duong Trieu Viet Vuong, Phuong 4
시간_ 7~17시
요금_ 30,000동(120cm이하 15,000동)
전화_ 263-3826-858

바오다이 궁전이 달랏에 만들어진 이유

호치민보다 기온이 10도 정도 낮아 '영원한 봄의 도시'로 불리는 달랏은 쌀쌀함을 느낄 수 있는 1년 중 최저 기온이 4~8도까지 떨어지기도 한다. 비슷한 위도의 다른 도시들과 비교하면 선선함이 최고의 장점이다. 이 때문에 베트남의 마지막 왕조 응우옌의 마지막 황제인 바오다이(Bảo Đại)가 여름 궁전을 지어 휴양을 즐겼다.

About 바오다이

바오 다이 궁(Bảo Đại Dinh III)는 베트남 응우옌 왕조의 마지막 제13대 황제이자 베트남 제국의 황제를 말한다. 바오다이(Bảo Đại)는 1926년 재위에 올랐지만 1945년 호치민이 베트남민주공화국 독립을 선언하자 퇴위한 비운의 황제다. 바오 다이 궁(Bảo Đại Dinh III)은 프랑스 식민지 기간 때 지어졌기 때문에 프랑스식 건물이며 내부에는 왕이 사용했던 것들이 그대로 보존되어 있다.

까우 닷 차 언덕
Cau Dat Tea Hill-Da Lat

시내에서 약 23㎞ 떨어진 시내 외곽에 위치하여 택시나 그랩을 이용해 이동하여야 한다. 해발 1,650m로 230ha의 광대한 지역에 걸쳐 있다. 프랑스 건축 양식으로 디자인된 아름다운 작은 집들이 있다. 다양한 종의 꽃들이 있는 푸른 소나무 언덕 사이가 아름답다.

까우 닷 차 언덕Cau Dat Tea Hill은 무료로 자유롭게 방문하고 많은 차 공장을 둘러 볼 수 있다. 특히 언덕 꼭대기에는 거대한 차 언덕을 덮고 있는 360도 전망의 컨테이너 카페가 있어서 맛있는 케이크와 신선한 차를 즐길 수 있다.

향기로운 차 한 잔을 마시고 끝없이 보이는 평화로운 언덕은 자연과 풍경이 힐링시켜주는 느낌을 받는다. 신선한 공기가 있는 녹차 언덕은 평화로운 공간을 찾고 싶은 사람들에게 이상적인 장소이다.

주소_ Xuan Truong
시간_ 7시 30분~18시 30분

메린 커피 가든
Me Linh Coffee Garden

언덕의 테라스에서 바라보는 풍경은 아름답다. 아름다운 풍경과 함께 갓 내린 커피를 즐기는 느낌은 힐링 그 자체이다.
상당히 유명한 관광지가 되어 가면서 많은 테이블에서 바쁘게 만들어 내는 커피에 실망을 할 수도 있지만 넓은 공간에서 직접 커피나무를 보면서 마시는 커피를 원하는 관광객이 주로 찾고 있다.

주소_ Hoi Truong Thon 4, To 20, Ta Nung
시간_ 7시 30분~18시 30분
전화_ +84-91-961-9888

213

달랏 1일 자전거 투어

달랏Da Lat의 중심부터 외곽까지 계곡을 따라 아름다운 소나무 숲, 호수, 그림 같은 농장을 경유하는 아름다운 도시를 자전거를 타고 천천히 탐방한다. 모험심을 가지고 달랏Da Lat을 내려가면서 자전거 여행을 떠난다. 달랏Da Lat에서 북쪽으로 이동하면서 그림 같은 도로를 지나 숲길을 따라 간다. 빅토리 레이크Victory Lake를 지나 산길이 좁아지고 산악자전거를 탈 때까지 길을 따라 가면서 많은 숲길이 나타난다. 자전거를 타고 멋진 산책을 즐기듯이 이동하므로 자전거가 힘에 부치지는 않을 것이다.

점심 식사 후에는 산을 올라가므로 사전에 물을 준비해야 한다. 오프로드 길을 계속 가면서 가장 높은 곳인 랑비앙Langbian 산을 올라간다. 뜨거운 햇빛이 비치고 숨을 헐떡이지만 다 올라가면 그림 같은 풍경을 볼 수 있다. 풍경을 보고 다시 시내로 돌아오면 자전거 투어는 끝이 난다. 투어 참가인원들이 원한다면 바오 다이 궁전Bao Dai, 램 타이 니Lam Ty Ni 탑, 달랏 꽃Da Lat Flower 정원, 사랑의 계곡 같은 명소를 방문할 수 있다.

달랏(Dalat)에서 인생사진을 건지자! 사진 스팟 Best 7

달랏^{Da Lat}은 베트남의 소도시이지만 고지대에 위치해 햇빛은 강하지만 습도가 높지는 않아서 베트남의 휴양지로 베트남 사람들도 여행을 가고 싶은 도시이다. 프랑스의 식민지 시절에 개발하기 시작해 유럽의 분위기를 닮은 도시로 유명한 사진 스팟이 많다.

달랏은 토착민인 '랏족 사람들의 시내'라는 뜻으로 '달랏^{Da Lat}'의 유래가 '어떤 이에게는 즐거움을, 어떤 이에게는 신선함을^{Dat Aliis Laetitiam Aliis Temperiem}'이라는 라틴어의 앞 글자를 따서 만들었다고도 한다. 달랏의 이름처럼 사랑이 싹트는 도시이다. 이름처럼 아름다운 자연뿐만 아니라 많은 사진 스팟^{Spot}까지 가지고 있는 달랏^{Da Lat}의 매력을 느껴보자.

크레이지 하우스(Crazy House)

크레이지 하우스^{Crazy House}는 달랏에서 가장 유명한 관광지이다. 크레이지 하우스에 처음 도착하면 가우디가 생각이 난다. 하지만 스페인의 가우디가 만든 건물은 아니고 '당 비엣 느가^{Đặng Việt Nga}'라는 베트남의 유명한 여성 건축가가 만들었다.
'크레이지'라는 이름처럼 길을 가다가 길을 잃어버려서 돌아가기도 하고 꼭대기에 올라가면 조금 무서워서 다리가 떨리기도 한다. 그렇지만 많은 관광객들이 사진을 찍으면서 추억을 담는 명소로도 유명하다. 특이한 건물로 선정되기도 했지만 지금은 베트남을 대표하는 건축물로 소개가 되고 있다.

빅 C 마트(Big C mart)

태국에 본사를 둔 대형 마트로 베트남의 여러 도시에서 볼 수 있다. 코스트코처럼 창고형 마트처럼 보이지만 정리가 안 된 분위기라고 생각하는 편이 좋다. 대한민국 관광객들은 다소 산만하여 많이 방문하지는 않지만 달랏Dalat에서는 다르다. 달랏Dalat에서 가장 큰 대형마트일 뿐만 아니라 사진이 아름답게 나오기 때문이다. 초록색의 다소 신기하게 생긴 마트의 외관이 인상적이라 사진을 찍어 SNS에 올리면서 누구나 사진을 찍는 명소가 되었다.

외로운 나무(Cây Cô Đơn)

최근에 인기를 끌고 있는 베트남의 달랏Da Lat의 중심인 쑤언 흐엉 호수에서 약 7㎞ 가량 떨어진 화선 농장Hoa Sơn điển trang은 젊은이들이 찾는 인기 데이트 명소가 되었다. 야생 해바라기 꽃Tây Nguyên 꽃, 일본 벚꽃, 거대한 행운의 손, 오색찬란한 화원, 맑은 하천 등의 아름다움이 관광객을 유혹하고 있다.

화선농장Hoa Sơn điển trang에 새로운 예쁜 사진이 나오는 포토 존은 외로운 나무Cây Cô Đơn라고 이름 지어진 '큰 손'이다. 외로운 나무에 와서 사진을 찍는 사람이 점차 많아지다가 최근에 달랏의 가장 유명했던 포토 존인 풍차 빵집Tiệm Bánh Cối Xay Gió 보다 인기가 많아졌다고 할 정도이다.

주소_ Tiểu khu 159 Phường 5 hướng đi đèo Tà Nung, Phường 5, Thành phố Đà Lạt
시간_ 7시 30분~17시
전화_ +84 868 588 886

높은 위치의 외로운 나무는 산등성이에 혼자 서있다. 빼곡한 숲의 나무사이에서 작은 나무가 높이 솟아 있어 어디서나 사람들의 눈을 사로잡는다. 낭만적이고 신비한 느낌의 나무 사이에 '빨간 하트'가 가로로 놓여있다. 데이트를 즐기는 연인들이 '외로운 나무'위에서 사진을 찍고 있다.

달랏 기차역

베트남에서 가장 오래된 기차역으로 다른 도시로 이동하려고 찾는 기차역이 아니다. 기차역을 방문하는 이유는 예쁘기 때문이다. 랑비앙Langbiang 산의 세 봉우리를 본떠 만들었다는 특이한 모습에 안으로 들어가면 스테인드글라스가 있는 매표소는 일반적인 기차역의 모습과 다르다. 그래서 여행자는 과거로 돌아가 설레는 마음으로 역을 둘러본다. 날씨가 좋은 날이면 둥근 뭉게구름과 기차역이 어우러져 멋진 사진을 찍을 수 있다.

기차역의 기차도 고전영화에서 볼 것같은 유니크한 모습이다. 짧은 구간의 관광객을 위한 기차가 들어오는 모습을 볼 수 있어서 옛 시절로 돌아간 것 같다. 여행자는 잠시 기차에서 향수를 느끼게 된다. 파란 하늘, 기차, 노란색 기차역을 배경삼아 제대로 사진을 찍을 수 있다.

랑비앙 산(Langbiang Mountain)

해발 2,169m로 달랏Dalat에서 가장 높은 산인 랑비앙
산은 가장 높은 산답게 달랏의 풍경을 제대로 볼 수
있는 장소이다. 랑비앙 정상까지 지프차를 타거나.
걸어가는 방법이 있다. 대부분 지프차를 타고 올라
가지만 유럽의 여행자나 현지인들은 걸어 올라가는
경우가 많다.

정상에 도착하면 직접 만든 수공예품을 판매하고
있다. 그 뒤를 걸어 올라가면 높은 산에서 구름에
걸린 달랏의 풍경을 제대로 감상할 수 있다. '랑비앙
LANGBIANG' 글자가 세워진 랜드마크에서 사진을 찍는
것도 잊지말자.

지프차

차량을 잠시 운전사와 함께 빌리는 것이기 때문에 1명이 탑승하든지 4명이 탑승하든지 상관이 없이 지
프차를 빌리는 비용은 동일하다. 몇 십 년 전에 소련제 지프차를 수입한 것이기 때문에 낡았지만 위험
하지는 않다. 지프차를 타고 랑비앙 정상까지 울창한 나무사이로 신선한 바람까지 느낄 수 있다.

천국의 계단

달랏의 한 카페에서부터 유명해진 계단이지만 현지
인들의 인생 사진을 찍는 대표적인 장소이다. SNS
를 통해 인기가 더욱 높아진 곳으로 베트남 사람들
이 끊임없이 방문하는 '천국의 계단'이라 알려진 곳
이다. 그런데 카페 옆에 있는 단순한 계단 조형물이
라는 사실에 실망할 수도 있다. 최근에는 다양한 모
양의 계단들이 설치되기 시작했다. 피아노 계단부
터 그네, 액자 등 다양한 장소가 있으므로 숙소에서
가까운 장소를 선택하는 것이 좋다.

계단 위에 아무 것도 없는 것을 보면 위험할 수 있
다는 사실을 인지해야 한다. 안전망이 있지만 계단
끝으로 올라갈수록 흔들리므로 조심하자. 계단 위
에서 바라보는 풍경은 아름다워서 올라간 이유를
알게 된다.

호아손

호아손은 언덕 위부터 걸어 내려가면 곳곳에 사진을 찍을 수 있는 장소들을 발견하게 된다. 가장 인기가 많은 장소는 하트, 둥지, 손바닥 모양 조형물이다. 대기줄이 길고 사진을 찍는 공간도 준비가 되어 있다. 파란 하늘과 뭉게구름, 울창한 숲을 배경으로 커다란 손바닥 위에 앉아 있는 비현실적인 분위기를 표현하는 것이 핵심 포인트이다.

특별한 달랏(Dalat)만의 요리 / 달팽이 요리(Ốc Bươu Nhồi Thịt)

프랑스 식민 지배를 받았던 달랏(Dalat)에서 에스까르고를 닮은 달팽이 요리를 만날 수 있다. 달팽이와 돼지고기를 다진 후 레몬그라스 줄기로 감싸서 껍데기 안에 넣어 쪄낸 요리이다. 노란 레몬그라스 줄기를 당기면 쏙 빠져나와 먹기에 아주 편하다. 달팽이를 먹는 것에 대해 징그럽다고 생각할 수 있지만 실제로 먹어보면 골뱅이를 먹는 것과 비슷하다. 달랏(Dalat)의 달팽이 요리가 유명하므로 한번 정도는 먹어볼 만하다.

달랏^{Đà Lạt}은 프랑스 식민지 정부가 개발한 도시라서 프랑스 스타일과 서양 문화를 경험할 수 있는 도시이다. 베트남 여행자도 많지만 유럽의 배낭여행자도 많아 유럽과 베트남 요리가 섞인 퓨전 스타일의 레스토랑이 많다. 그래서 달랏^{Đà Lạt}에서는 로컬의 베트남요리와 서양 음식을 동시에 다양하게 맛볼 수 있다.

고멧 버거
Gourmet Burger

달랏에서 계속 베트남 음식을 먹어 지겨워졌을 때 햄버거를 먹고 싶다면 적극적으로 추천한다. 호주 인이 직접 만드는 수제 버거로 정통 버거의 맛을 느낄 수 있다. 특히 유럽여행자들이 자주 찾고 있는데 덩달아 달랏 젊은이들도 자주 가는 햄버거 전문점으로 알려지게 되었다.

다만 가격이 보통의 베트남 음식 가격보다는 높은 가격(100,000동~)이라는 점과 넓은 도로에 있지 않기 때문에 찾기가 힘든 단점이 있다.

주소_ 50/13 Nguyen Bieu
시간_ 10~14시, 17~21시
전화_ +82-90-857-8317

비앙 비스트로
Biang Bistro

인테리어가 부처님의 얼굴이 있는 특이한 인테리어를 가진 식당으로 브런치나 점심식사에 어울리는 곳이다. 유럽 관광객이 주로 찾는 식당으로 음식의 맛이 좋다고 할 수는 없지만, 친절한 직원은 음식에 대한 설명을 잘해주었다. 유럽의 배낭여행자에게 좋은 평가를 받아 인기를 얻고 있다.

주소_ No 94, Ly Tu Trong Street Ward 2
시간_ 7~22시
전화_ +82-90-106-6163

가네쉬 인디안 레스토랑 달랏
Ganesh Indian Restaurant Dalat

달랏에는 최근 유럽의 여행자들이 급증함에 따라 다양한 국적의 요리가 등장했는데 가네쉬 레스토랑도 인도의 정통 음식으로 인기를 얻고 있다. 대부분의 관광객은 탄두리 치킨과 커리, 난 등을 함께 주문해 먹는다. 특히 주인이 직접 친절하게 설명을 해주기 때문에 기분 좋게 음식을 즐길 수 있어 추천한다.

주소_ 1F Nam Ky Khoi Nghia
시간_ 11~14시l30분, 17~22시
전화_ +82-263-3559-599

원 모어 카페
One More Cafe

호불호가 갈리는 카페로 에그베네딕트는
먹을 만하다. 다만 파스타가 맛이 없어서
실망을 하는 여행자가 많다. 차라리 커피
와 버거를 주문하면 맛있게 먹을 수 있
다. 역시 여행자를 대상으로 하는 카페이
므로 가격은 현지인들이 운영하는 카페
보다 2배정도 비싸다고 생각하면 이해가
쉬울 것이다.

주소_ 77 Hai Ba Trung Street Near Tan Da Street T
시간_ 8~17시
전화_ 129-934-1835

곡하탄
Góc Hà Thành

작은 시골집처럼 보이는 나무 벽과 가구가 있는 친밀한 공간이 안정적인 분위기를 느끼게 한다. 아늑하고 가족 같은 친숙한 분위기에서 정통 베트남 요리를 제공하는 대표적인 달랏의 베트남 가정식 레스토랑이다. 특히 유럽의 관광객이 많은데 그들은 많은 요리를 주문하고 가족 스타일로 먹는 것을 선호한다.

코코넛 카레 치킨, 볶은 나팔꽃, 신선한 항아리 생선요리를 추천한다. 특히 집에서 만들어진 와인과 같이 베트남 음식을 유럽스타일과 접목해 와인은 부드럽게 목을 따라 내려가고 베트남 음식은 유럽인들이 선호하는 음식으로 탈바꿈한다.

주소_ Lâm Đồng Đường 53 Trương Công Định, Thành phố

시간_ 11~21시

전화_ +84-94-699-7925

카페 드 라 포스 테
Café de la Poste

달랏의 중앙 우체국 길 건너편에 위치한 정통 프랑스요리 전문 레스토랑이다. 건물의 내부 구성이 전형적인 프랑스 스타일로 매력적인 와인을 제공하여 프랑스 요리를 맛보고 싶은 유럽의 여행자들이 선택한다.

매일 다양한 종류의 빵, 치즈, 와인으로 구성된 조식 뷔페가 제공되어 아침부터 붐빈다. 프랑스 요리 외에도 베트남요리, 파스타, 스테이크 같은 단품 요리 메뉴를 주문하는 관광객도 상당히 많다. 다만 가격이 비싼 것이 흠이다. 세련되고 멋진 식사를 원하는 고객이 대부분이다.

주소_ 15 Tran Phu, 3 Đư Parc Hotel
시간_ 7~21시
전화_ +84-63-3825-777

르 라벨레스
Le Rabelais

달랏 팰리스 호텔Lelate Palace Hotel 안에 있는 유명 레스토랑이다. 1922년에 지어진 고급스러운 프랑스 레스토랑으로, 가장 큰 규모의 식당을 보유하고 있으며 호숫가에서 내려다보이는 멋진 테라스가 일품이다.

화려한 인테리어와 세심한 직원들이 칠리 오렌지 소스에 찐 랍스터와 크림 같은

신선한 부추와 바닐라 소스를 곁들인 구운 새우의 요리가 더욱 돋보이게 만든다. 디너 세트는 1,300,000(56$)로 비싼 편이지만 5성급 호텔의 아름다운 풍경과 함께 즐길 수 있는 최고의 장소를 생각하면 합리적인 가격일 것이다.

주소_ 2 Đường Trần Phú, Phường 3 Thành phố Đà Lạt, Phường 3

시간_ 11~21시

전화_ +84-63-3825-444

다 꾸이
Da Quy

달랏Dalat에서 추운 비 오는 날, 냄비 안에 따뜻하게 맛있는 음식을 먹으면서 몸의 한기를 없앨 수 있다.
신선한 야채와 함께 고기를 이용한 베트남 요리에 타마린드 소스, 새우요리가 유명하다. 깔끔하게 내오는 베트남 요리는 상당히 먹음직스럽다. 저렴한 가격이지만 맛있는 요리를 원하는 여행자에게 추천한다.

주소_ Phan Bội Châu, Khu dân cư số 10, Thành phố Thái Nguyên
시간_ 9~23시
전화_ +84-90-314-9055

유럽 음식 전문점

베트남에서 달랏 여행의 장점은 베트남 음식뿐만 아니라 다양한 서양 음식을 먹을 수 있다는 것이다. 베트남 사람들도 인정할 정도로 다양한 국적의 음식이 맛있게 요리되어 나오기 때문에 여성들이 특히 달랏Đà Lạt 여행을 좋아한다. 여기에는 그 중에서 인기 있는 레스토랑을 소개한다.

르 샬렛 달랏
Le Chalet Dalat

크레이지 하우스 앞에 있는 레스토랑으로 내부인테리어가 현대적이고 깨끗한 식당으로 브런치나 점심식사에 어울린다. 유럽 관광객이 주로 찾는 식당으로 맛은 무난하다는 평을 듣고 있으나 가격은 현지인들이 방문하는 식당보다 2배 정도로 비싼 편이다.

프랑스 전문레스토랑을 표방하고 문을 열었으며 유기농으로 음식을 만든다고 한다. 친절한 직원의 응대에 다시 방문하게 된다고 이야기를 많이 한다. 유럽의 배낭 여행자에게 좋은 평가를 받아 인기를 얻고 있다.

주소_ 6 Hùynh Thúc Kàng
시간_ 7~21시
요금_ 40,000~250,000동
전화_ +82-96-765-9788

아티스트 앨리 레스토랑
Artist Alley Restaurant

달랏^{Đà Lạt}에서 스테이크 전문점으로 유명한 레스토랑으로 분위기가 좋아 최근 여행자들의 방문이 급증하고 있다. 정통 스테이크를 요리한다고 하지만 실제로 먹어보면 호불호가 갈리는 맛으로 역시 베트남 음식과 섞여 퓨전 맛이 난다. 하지만 달랏^{Đà Lạt}에 스테이크 전문점이 많지 않으므로 서양음식으로 인기를 얻고 있다.
대부분의 관광객은 스테이크, 파스타와 와인, 샐러드 등을 함께 주문해 먹는다. 특히 달랏^{Đà Lạt}에서 비싼 레스토랑으로 알려져 있지만 내부 인테리어는 상당히 오랜 시간을 앉아 있을 수 있도록 만드는 원동력일 정도로 잘 꾸며져 있다.

주소_ 124/1 Phàn Dinh Phùng
시간_ 10〜21시
전화_ +82-94-166-2207

프리마베라 이탈리안 레스토랑
Primavera Italian Restaurant

달랏Đà Lạt에서 가장 맛있는 피자 전문점이라고 생각하는 곳으로 피자는 맛없기도 힘들지만 맛있는 피자를 베트남에서 먹기도 쉽지 않다.

직접 만든 화덕의 높은 온도에서 열을 가진 피자는 정말 맛이 좋다. 토핑은 많지 않으나 적지도 않고 적당하여 먹기도 쉽다.

달랏Đà Lạt에 오는 유럽 여행자들은 반드시 들른다고 할 정도로 유명세를 타고 있다. 직접 면을 만들고 도우를 만들기 때문에 쫄깃한 식감이 맛을 배가 시키고 약간 매운 파스타와 피자는 느끼함을 잡아주는 것 같다. 피자와 파스타, 맥주, 샐러드 등을 함께 주문해 먹는다. 가격도 90,000동 정도로 비싸지 않아 부담 없이 찾을 수 있다.

주소_ 54/7 Phàn Dinh Phùng
시간_ 10~21시
요금_ 40,000~130,000동(특대 450,000동)
전화_ +82-168-964-8125

부옹 피자
Vuong Pizza

달랏^{Đà Lạt}에서 무난한 맛의 피자를 먹을 수 있는 곳으로 대중적인 피자를 만든다. 피자의 종류가 다양하고 가격이 비싸지 않아서 관광객도 많지만 달랏^{Đà Lạt}의 청춘들도 많이 방문한다. 화덕의 높은 온도에서 열을 가진 사각형의 라지 피자를 대부분 주문한다.

파스타와 스파게티 등과 함께 피자를 주문해 맥주와 함께 먹는다. 상대적으로 콜라(29,000동)의 가격이 비싸다고 생각할 정도로 피자나 파스타의 가격은 합리적이다. 가격은 100,000동 정도로 비싸지 않아 데이트 코스도 많이 찾는다.

주소_ So 7 Ba Thàng Hài Phùong
시간_ 11~14시, 17~22시
요금_ 40,000~130,000동
전화_ +82-63-3595-656

231

달랏의 유명 커피 & 카페

르 비엣 커피(La Viet Coffee)

커피를 건조, 결점, 수작업으로 분류해 로스팅을 거쳐 테스팅까지 이루어지는 전 과정을 볼 수 있어 달랏에서 가장 유명한 커피 전문점으로 알려져 있다. 달랏 커피원두의 신맛이 강하고 쓴 맛이 그대로 전해진다. 케이크와 커피가 제공되는 카페이지만 베트남 전통 스타일의 커피는 구비되어 있지 않다.

주소_ 200 Nguyen Cong Tru **요금_** 카페 쓰어다 45,000동 **시간_** 7시 30분~22시 **전화_** +82-263-3981-189

프렌치 터치 캣 카페(French Touch Cat Cafe)

고양이와 함께 커피와 간단한 식사를 할 수 있는 카페로 깨끗한 내부 인테리어가 인상적이다. 가격도 저렴하여 부담없이 커피를 마시고 하루를 시작할 수 있다. 고양이를 데리고 놀다보면 시간가는 줄 모르고 지내게 된다.
프랑스 정통 음식을 표방하고 음식을 판매하는 데 바케드 빵을 제외하고 다른 요리와 커피는 무난하다는 평을 듣고 있다.

주소_ 41 Hai Ba Trung Ward 6 **시간_** 8시 30분~18시 **전화_** +82-166-569-3443

안 카페(An Cafe)

달랏에서 르 비엣 커피와 함께 카페의 대명
사로 알려져 있다. 나트랑에도 있는 안 카페
는 깔끔한 인테리어에 저렴하지만 좋은 커
피원두를 사용해 커피 맛이 좋다. 스파게티
나 과일요거트도 인기가 많다. 브런치로 아
메리칸 브랙퍼스트도 간단한 식사를 원한다
면 추천한다.

주소_ 63 Bis Ba Thang Hai Street
시간_ 7~22시
전화_ +82-97-573-5521

브이 카페(V Cafe)

쑤언 흐엉 호수 근처에 위치한 조용한 분위
기에 아늑하고 라이브 공연까지 즐길 수 있
는 카페이다. 친절한 직원에 영어가 가능하
고 방달랏 와인과 함께 치킨을 먹으며 즐길
수 있다. 관광객도 적당히 자리를 차지하여
복잡하지 않아 쾌적한 분위기에서 호수를
조망할 수 있다.

주소_ 1/1 Bui Thi Xuan 17 Bui Thi Xuan
시간_ 8~22시
전화_ +82-263-3520-215

233

냐 꾸아 또이 딴 쑤안(Nha Cua Thời Thanh Xuân)

카페에는 조용히 앉아 이야기를 하고 차와 커피 맛을 즐기는 이들이 많다. 차는 직접 재배한 재료로 만들고, 인근 농장의 커피와 직접 만든 디저트가 일품이다. 가격 표시가 없이 카페는 기부금으로 운영되고 있다. 그래서 달랏 Dalat의 다른 커피숍이나 디저트 가격을 기부금으로 제공하면 된다. 수제 초콜릿, 사탕, 비누, 샴푸, 에센스 오일, 차, 커피 등이 주로 판매되고 있다.

주소_ 9 Triệu Việt Vương, Phường 4, Thành phố
시간_ 8시 30분~21시
전화_ +84-91-414-2850

르 제이 카페(Le J' Café)

깔끔하고 단조로운 공간은 작은 편이지만 안락하게 느끼면서 휴식을 취하기 좋다. 기본적인 커피와 차만 메뉴에 있지만 신선한 커피로 바리스타가 만들어서 직접 주는 커피맛은 일품이다. 작은 공간이지만 현지인들이 찾아가는 카페로 인기를 얻으면서 점차 관광객도 많아지고 있다.

주소_ 51A Yersin, Phường 10, Đà Lạt, Lâm Đồng
시간_ 8~21시
전화_ +84-98-1863-581

분위기 있는 바(Bar)

13 카페 바(13 Café Bar Da Lat)

베트남 스타일의 작은 칵테일 바로 복고풍으로 내부를 꾸며놓았다. 앤티크 장식으로 꾸며진 작은 공간에 햄버거를 주문해 식사를 할 수도 있지만 칵테일과 맥주로 분위기를 띄우는 저녁이후에는 젊은이들로 채워진다. 합리적이고 저렴한 가격으로 주머니가 가벼운 젊은이들이 밤문화를 즐길 수 있는 대표적인 곳이다.

주소_ 74 Trương Công Định **전화_** +84-78-4604-621

시크릿 바 & 커피(Secret Bar & Coffee)

라이브 음악(매주 토요일 20시30~22시30)을 들으면서 분위기 있는 밤을 즐기기 위해 찾는 장소이다. 합리적인 가격의 맥주에 시그니처 칵테일(80,000동)을 마시는 여행자가 많다. 여성들은 밀크 티 칵테일을 주로 마시며 대화를 하면서 밤 시간을 즐기는 유럽의 여행자가 대부분이다.

주소_ 1B Hoàng Hoa Thám, Thành phố Đà Lạt, Lâm Đồng,
시간_ 9~24시
전화_ +84-96-6115-109

B 21 바(B 21 Bar)

B21 바Bar는 저렴한 맥주와 즐거운 밤을 찾는 젊은이들을 끌어 모으고 있다. 칵테일과 맥주를 저녁부터 마실 수 있지만 15시부터 20시 30분까지 이어지는 해피 아워 시간 동안 저렴한 가격의 음료와 햄버거를 저녁식사로 주문할 수 있다. 21시가 넘어가면서 댄스 플로어가 갑자기 혼잡해지기 시작한다.

주소_ Lâm Đồng 68 Đường Trương Công Định, Thành phố Đà Lạt
전화_ +84-91-779-2121

메이비 블루 커피(Maybe Blue Coffee)

메이비 블루 커피Maybe Blue Coffee는 2개의 층이 있고 넓은 공간을 가지고 있다. 아름답게 꾸며진 레이아웃, 다양한 공간, 실외 테라스, 실내 좌석으로 나뉘어져 있어서 문을 열면 가운데에 있는 여러 가지 색채의 조명으로 꾸며진 책장이 바로 보인다.
파란색의 건물이 시선을 사로 잡아서 사진을 찍는 관광객도 많다. 또한 언덕에서 보는 달랏의 전망에서 책을 읽으면서 커피를 마셔도 좋다.

주소_ 5 Lê Hồng Phong, Phường 4, Thành phố
시간_ 6시 30분~22시 30분

달랏(Đà Lạt)의 특산품 BEST 3

커피, 와인, 딸기는 다른 베트남 지역에서 순수하게 인정해주는, 달랏이 자랑하는 특산품 BEST 3이다. 베트남은 세계 2위 커피 원두 생산지로 대부분의 커피는 달랏 Đà Lạt에서 생산되고 달랏 커피를 최고로 인정하고 있다. 베트남인들은 커피를 자주 마신다. 컵 안에 진한 연유를 넣고 낡아 보이는 하얀 스테인리스 같은 필터기를 컵 위에다 올려놓은 후에 뜨거운 물을 부어 그 자리에서 직접 필터링해서 마신다. 진한 커피와 연유 특유의 단맛이 어울려 베트남에서만 맛볼 수 있는 독특한 커피 맛과 향을 느낄 수 있다. 베트남 커피의 맛과 향이 대부분 달랏 커피의 맛과 향이라고 생각하면 거의 일치한다.

베트남에서 생산되는 것이라고 쉽게 생각되지 않는 유명한 생산품이 바로 와인이다. '방달랏Vand Đà Lạt'이라는 이름으로 판매되는 와인은 프랑스 식민지 시절의 흔적이다. 커피, 와인과 함께 달랏 Đà Lạt으로 대표되는 또 하나의 특산품은 '딸기'이다. 고지대의 서늘한 기온을 가지고 있는 달랏 Đà Lạt에서 재배되는 딸기는 베트남 내에서도 최고로 알아주는 특산품이다.

다 랏(Dalat)

1999년에 출시된 다 랏$^{Đà Lat}$ 와인은 라도푸드 람 동$^{Ladofoods Lam Dong}$ 회사에서 개발한 것이다. 닌 뚜안$^{Ninh Thuan}$에서 재배하고 있는 와인 포도를 구입해 유럽기술로 다 랏$^{Đà Lat}$ 와인을 생산 하고 있다. 독일에 있는 세계 와인 박물관에 전시될 정도로 인정받고 있다.

▶Dalat Classic Special : 250,000동(1병)

샤토 달랏(Chateau Dalat)

베트남에서 개최된 2017년 APEC에 참석했던 여러 국가 원수와 대표들을 위한 샤토 달랏 시그니처 쉬라즈$^{Chateau Dalat Signature Shiraz}$로 접대를 하였다. 외국으로 수출하고 있는 유일한 와인 브랜드다.

▶750㎖ : 650,000동(1동)

히비스쿠스(Hibiscus)

포도가 아닌 중미에서 생산된 아티초크 꽃으로 만든 특별한 와인이다. 히비스쿠스^{Hibiscus} 와 인은 아티초크의 특유한 자연 빨간색이 깃들인 좋은 와인으로 평가받는다. 안토이사닌 ^{Anthocyanin}, 아라비노스^{Arabinose}, 비타민 A, B, C 등 영양이 많고 심장 건강에 아주 좋 다. 아티 초크의 추출물이 암을 방지할 수 있다. 단맛, 떫은 맛, 조금 단맛이 있다. 박 지앙$^{Bắc Giang}$, 딴 옌$^{Tân Yên}$의 아티초크 밭에는 히비스쿠스 와인을 생산하고 있다.

▶750㎖ : 65,000동(1병)

망 덴(Măng Đen)

망 덴$^{Măng Đen}$은 콘 툼$^{Kon Tum}$지방에 속해 있다. 매년 망 덴$^{Măng Đen}$에 있는 거대한 심^{Sim} 과일 숲에서 100톤의 열매를 수확하여 프랑스의 보르도^{Bordeaux}와인 생산 기술로 심^{Sim} 과일 와 인을 생산하고 있다. 심^{Sim} 과일 은장에 관한 질환, 당뇨, 빈혈 등을 치료할 수 있다고 한다. 심^{Sim} 과일 와인은 향기롭고 떫고 달콤하다. 화이트 와인, 빨간 와인, 증류 와인, 리큐어 와 인으로 나누고 있다.

▶750㎖ : 250,000동(1병)

음식주문에 필요한 베트남 어

매장

커피숍 | QUÁN CÀ FÊ | 관 까페
약국 | TIỆM THUỐT | 뎸 톳

음식

햄버거 | HĂM BƠ CƠ | 함 버 거
스테이크 | THỊT BÒ BÍT TÊT | 틱 버 빅 뎃
과일 | HOA QUẢ | 화 과
빵 | BÁNH MÌ | 바잉 미
케이크 | BÁNH GA TÔ | 바잉 가도
요거트 | SỮA CHUA | 스으어 주으어
아이스크림 | KEM | 갬
카레라이스 | CƠM CÀ RI | 껌 까리
쌀국수 | PHỞ | 퍼
새우요리 | MÓN TÔM | 먼 덤
해산물요리 | MÓN HẢI SẢN | 먼 하이 산
스프 | SÚP | 습

육류

고기 | THỊT | 틱
쇠고기 | THỊT BÒ | 틱 버
닭고기 | THỊT GÀ | 틱 가
돼지고기 | THỊT HEO | 틱 해오

음료

커피 | CÀ FÊ | 까 페
콜라 | CÔ CA | 꼬 까
우유 | SỮA TƯƠI | 스으어 드이
두유 | SỮA ĐẬU | 스으어 더오
생딸기주스 | SINH TỐ DÂU | 신 또 져우

술

생맥주 | BIA TƯƠI | 비아 뜨으이
병맥주 | BIA CHAY | 비아 쟈이
양주 | RƯỢU MẠNH | 르으우 마잉
와인 | RƯỢU VANG | 르으우 반

양념

간장 | XÌ DẦU | 씨 져우
겨자 | MÙ TẠC | 무 닥
마늘 | TỎI | 더이
소금 | MUỐI | 무오이
고추 | ỚT | 엇
소스 | NƯỚC XỐT | 느웃 솟
설탕 | ĐƯỜNG | 드으엉

참기름 | DẦU MÈ | 져우 매
된장 | TƯƠNG | 뜨 응

베트남 로컬 식당에서 주문할 때 필요한 베트남어 메뉴판

베트남 현지 식당에서 주문을 할 때 가장 애로사항이 되는 것은 무엇인지를 몰라 주문을 제대로 했는지 잘 모르겠다는 것이다. 사진으로 된 메뉴판을 가지고 있다면 관광객이 오는 완전 로컬 식당은 아니다. 로컬 식당은 저렴하기도 하지만 직접 베트남 사람들이 먹는 음식들을 주문할 수 있고 바가지를 쓰지 않게 되므로 보면서 확인하고 주문하면 이상 없이 현지인들과 함께 식사를 하고 즐거움을 나눌 수 있다. 메뉴판에 직접 표시하여 현지에서 보면서 주문하면 도움이 될 것이다.

Bạch Tuộc (낙지)	59,000
Con Tôm (새우)	59,000
mực (오징어)	59,000
Cá trứng (삶은 계란)	50,000
Ếch (개구리)	60,000
Lòng Non (곱창)	49,000
Ba Chỉ Heo (돼지)	59,000
Sườn Heo (새끼 돼지 갈비)	59,000
Bao Tử Cá Ba Sa (물고기 내장)	59,000
Sụn Gà (닭 연골)	59,000
Mề gà (닭 똥집)	59,000
Vây Cá hồi (연어 지느러미)	49,000
Sườn cá sấu (악어 갈비)	59,000
Heo Tộc Nướng (구운 돼지고기)	59,000
Nai Nuôi Nướng (구운 사슴고기)	59,000
Vú dê (염소 가슴)	59,000

오징어

돼지고기

Bò Luộc (삶은 소고기)	59,000
Bò Nướng Cục (양념 소고기 구이)	59,000
Bò Nướng Tảng (양념 육우 구이)	59,000
Bò Lụi Sả (소고기 레몬그라스 꼬치)	50,000
Sườn Nướng (개구리)	60,000
Bắp Nướng (옥수수 구이)	49,000
Thăn Bò Nướng (소고기 안심 구이)	59,000
Gân Hấp Sả (레몬 그레스 & 힘줄)	59,000
Nấm Sữa Nướng (구운 소세지)	59,000
Bò Lá Lốt Mỡ Chài (소고기 & 물고기 기름)	59,000
Gân Bò Tiềm (소고기 힘줄)	59,000
Lá Sách, Tổ Ong, Thân Long Hấp	49,000
Lẩu Đuôi Bò (소꼬리 전골)	59,000
Lẩu Dụng Bò (암소 전골)	59,000
Lẩu Bò (소고기 전골)	59,000

닭똥집

Cá Viên Ran Củ (야채 생선 꼬치)	59,000
Tôm Viên Saté (새우 꼬치구이)	59,000
Hổ Lổ Nướng (소세지 꼬치구이)	50,000
Dậu Bắp (오크라)	60,000
Bò Viên Sa Tế (소고기 완자)	49,000
Thanh Cua Nướng (게살 구이)	59,000
Tôm Hùm Viên (바다 가재)	59,000
Chạo Sá (어묵 레몬그라스 꼬치)	59,000
Chạo Thịt Cuộn Mía Lau	59,000
(다진 고기롤 & 사탕수수)	
Xúc Xích Đức (독일 소세지)	59,000
mực Viên (먹물 오징어)	49,000
Ốc Viên (달팽이)	59,000
Bò Muối Ớt (매운 소고기)	59,000
Ba Chỉ Cuộn Nấm (버섯 롤)	59,000

소고기

Gà Thả Vườn	+ Hấp Hành (찐 양파)	145,000
	+ Nướng (그릴)	145,000
	+ Tiềm Ớt Sim (삶은 닭)	160,000
Cơm Chiên	+ Trứng (계란 후라이)	145,000
	+ Bò Bằm (임소)	145,000
	+ Gà Xé (닭고기)	160,000
	+ Cá Mặn (생선)	160,000
Mí Xào	+ Xào Bò (소고기 튀김)	145,000
	+ Xào Rau (야채 볶음)	145,000
	+ Salad Trộn Trứng	160,000
	(삶은 달걀 샐러드)	
	+ Salad Trộn Bò	160,000
	(소고기 샐러드)	
	+ Salad Cá Hộp	160,000
	(참치 샐러드)	

악어고기

베트남 여행 중에 더위를 쫓기 위해 마시는 음료

무더운 날씨의 베트남 여행을 하면 길을 걷다가 달달하고 시원한 음료수를 마시고 싶은 생각이 굴뚝같아진다. 베트남 여행에서 상점이나 편의점, 마트에서 구입하는 음료수를 마시는 것 보다 길거리나 카페에서 맛볼 수 있는 다양한 음료수로 더위를 식히곤 한다.

1. 열대과일 셰이크

베트남에서 20,000~30,000동의 금액이면 길거리에서 열대과일 셰이크를 마실 수 있다. 더운 날씨의 무더위를 날려줄 음료가 1,000~1,500원 정도라니 행복하다. 생과일 셰이크를 즐길 수 있다는 사실만으로도 행복한데 저렴한 가격은 부담이 덜어진다. 망고나 패션 프루트, 코코넛, 파인애플, 수박, 아보카도 등 원하는 과일을 선택할 수 있다. 한 가지 과일만 선택해도 되고, 섞어서 마실 수도 있다. 각 도시마다 열대과일 셰이크 맛집들이 있지만 그보다는 갈증이 다가올 때 길거리에서 마시는 음료가 더 맛있을 것이다.

2. 카페 '쓰어다'

베트남을 대표하는 커피는 전국 어디서나 쉽게 볼 수 있는 베트남 전국민의 음료수이다. 특히 더운 여름날에는 달달한 연유 커피가 제격이다. 쓰어(연유)와 다(얼음)를 넣어 달달한 커피가 목구멍을 넘기는 시원함은 가슴까지 내려오기 전에 무더위를 없애준다. 진한 에스프레소에 연유를 넣어 만드는 아이스커피는 '아메리카노'로 대변되

는 아이스커피보다 진하고 단맛이 강하다. 베트남 커피는 쓴맛과 단맛이 함께 느껴지므로 짜릿함이 더욱 강하게 느껴진다. 다만 양이 적으므로 얼음이 녹아 양이 많아질 때까지 기다려야 할 때도 있다.

3. 코코넛 아이스크림

코코넛을 단순하게 마시거나 얼려서 젤리처럼 만들어서 먹기도 한다. 또는 코코넛 안에 아이스크림을 담아 주기도 한다. 아이스크림 위에 각종 과일과 생크림을 듬뿍 얹어 주기도 하는데 코코넛을 손으로 잡기만 해도 맛있다. 아이스크림 안에는 코코넛 안에 하얀 과육이 더욱 단맛을 내주고 젤리처럼 쫄깃함까지 먹도록 해준다.

4. 사탕수수 주스

사탕수수를 기계로 짜서 먹는 시원한 사탕수수 주스는 단맛이 강하지 않다. 주문을 하면 그 자리에서 사탕수수 즙을 내서 준다. 수분이 강해 더위에 지칠 때 예부터 마시던 주스이다. 시원하지만 밍밍하다고 하는 사람들도 있지만 베트남의 길거리에서 한번은 맛보기를 추천한다.

5. 코코넛 밀크 커피

서울에도 문을 연 콩카페 덕에 핫한 코코넛 밀크 커피는 베트남 여행에서 어느 도시를 가도 빠지지 않고 마시는 커피이다. 진하고 쓴 베트남 커피와 코코넛 밀크가 어우러진 인기가 핫한 커피이다. 특히 다낭이나 호치민, 하노이, 나트랑 등을 여행하면 한번은 찾아가는 코코넛 밀크를 갈아 커피 위에 얹어 주는 커피이다.
스푼으로 코코넛을 떠 먹으며 마치 스무디에 가깝다는 생각이 든다. 얼음을 넣은 커피보다 시원하고 코코넛 특유의 달콤한 맛이 온몸으로 느껴진다. 가장 유명한 곳은 '콩카페Cong Ca Phe'로 베트남 대도시를 여행하면 관광지처럼 찾아가는 곳이다.

베트남 맥주의 변화

베트남의 맥주 소비량은 31억ℓ로 동남아시아 국가 중 최대로 아시아로 넓혀도 일본, 중국 다음으로 맥주 소비가 많은 국가이다. 베트남은 매년 6%에 가까운 경제성장률을 거두면서 베트남 소비자들의 생활수준이 향상되고 있다.

그래서 저녁의 맥주 소비가 즐거운 저녁시간을 가질 수 있게 되었다. 실제 통계에서도 베트남의 맥주 생산량은 31억 4000만ℓ로 8.1% 성장하여 베트남의 맥주 소비와 생산량은 37억~38억ℓ에 달할 것으로 예상하고 있다.

2018년에 박항서 감독은 베트남 축구의 변화를 이끌고 베트남 사람들의 자존심을 세워주는 역할을 했다. 그런데 베트남의 축구경기를 하는 날에는 맥주를 주문하는 것을 보면서 상당한 변화가 있다는 사실을 알게 되었다.

예전 같으면 저가 생맥주인 비어 허이^{Bia hoi}를 주문해 마셨을 사람들이 비아 사이공^{Bia Saigon}을 주문하거나 베트남에서 고급 맥주로 알려진 타이거 맥주^{Tiger Beer}를 주문해 마시고 있는

것이었다. 병맥주와 캔 맥주 생산량이 증가하면서 저가가 아닌 고급 맥주시장인 병맥주와
캔 맥주 시장이 뜨고 있다. 그래서 박항서 감독은 베트남의 고급 맥주 시장을 열어주고 활
성화시킨 장본인이라고 할 정도로 고급 맥주의 소비를 급등시켰다.

비어허이(Bia hoi)

보리가 아닌 쌀, 옥수수, 칡 등의 값싼 원료로 만들어진 생맥주로 거리 노점이나 현지 식당에서 잔이나
피쳐 등으로 판매되고 있다. 잔당 가격이 6,000~10,000동(300~500원)으로 아직 지갑이 가벼운 서민
들에게 크게 사랑을 받은 맥주의 대명사였지만 최근에 고전 중이다.
대형 맥주회사에서 비어 허이를 생산하지만 대부분의 비어 허이는 정부로부터 사업 허가를 받지 않은
영세 사업장에서 생산된 것이다. 제조, 운반 과정에서의 위생 상태를 보장할 수 없고 다량생산을 위해
제조 과정에서 충분한 발효기간을 거치지 않고 출고하는 경우가 많았다. 비어 허이를 많이 마시면 두통
이나 어지러움 등의 증상이 유발된다고 하는데 충분한 발효과정을 통해 제거되지 못한 맥주 효모 속 독
소 때문이라고 한다.

로컬 맥주 비비나 맥주(Bivina Beer)

1997년 10월에 비비나Bivina 맥주는 푸꾸옥(Phu Quoc)에
서 생산을 하기 시작했다. 아로마 & 곡물 맛이 건조하고
평균적이지만 상쾌한 맛을 낸 전통 맥주이다. 부드럽고 시
원한 향을 내지만 맛이 약해서 호불호가 갈린다. 점점 마
시는 사람들이 줄어들면서 하이네켄(Heineken) 맥주와 함
께 푸꾸옥(Phu Quoc)에서 생산하고 있다. 다만 맥주의 맛
은 하이네켄(Heineken)과 전혀 다르다.

타이거(Tiger), 하이네켄(Heineken)과 함께 인기 있는 프
리미엄 브랜드로 성장시키기 위해 맥주 생산을 하지만 인
지도는 높아지지 않고 있다. 우리가 마시던 '카스'와 비슷
한 맛을 낸다고 볼 수 있다.

SLEEPING

아나만다라 빌라 달랏 리조트
Anamandara Villas Dalat Resort

프랑스가 통치하던 시기에 별장을 개조해 만들어서 녹지를 보기만 해도 힐링이 되는 리조트이다. 별장 1채에 방 3~4개와 테라스가 구비된 거실, 주방 등이 있어 가족여행자들이 좋아하는 리조트이다.

프랑스풍 인테리어가 그대로 보존돼어 구경하는 재미도 쏠쏠하다. 리조트 안에는 수영장과 스파, 레스토랑이 있어 달랏에서 여유로운 시간을 보내고자 하는 유럽인들이 즐겨 찾는다.

홈페이지_ www.anamandara-resort.com
주소_ Le Lai, Phường 5 Thành phố
요금_ 더블룸 130달러~
전화_ +84-263-355-5888

스위스 벨 리조트
Swiss-BelResort Tuyen Lam Dalat

스위스 벨 리조트^{Swiss-Bel Resort}에는 골프 코스와 아름다운 산으로 둘러싸인 스위스의 알프스 리조트 스타일로 객실이 구성되어 있다. 시내에서 떨어져 있지만 셔틀버스를 운행하고 있어서 불편함이 없다. 가족이나 고급스러운 환경에서 시간을 보내려는 관광객이 많이 선택하는 리조트이다.

2개의 수영장, 테니스 코트, 영화관, 체육관, 스파 등을 합리적인 가격으로 이용할 수 있어서 가족과 함께 여행하려는 여행자가 대부분이다.

주소_ Lâm Đồng Thành phố Đà Lạt
요금_ 더블룸 110달러~
전화_ +84-263-379-9799

달랏 펠리스 호텔
Dalat Palace Hotel

달랏의 중심인 쑤언 흐엉 호수Xuan Huong Lake를 바라보면서 여유롭게 고급 저택에서 지내는 느낌을 받는다. 실외의 풍경은 프랑스풍이고 내부는 세련된 인테리어로 고풍스럽다.

옛 분위기를 자아내기 때문에 편리한 호텔은 아니지만 100년 이상된 분위기 자체의 고급스러움은 럭셔리를 느끼게 해준다. 멋진 로비와 최상층의 멋진 전망을 감상 할 수 있는 라운지가 있다. 골프클럽을 같이 운영하고 있어서 지내는 동안 옛 시절로 돌아간 것 같을 것이다.

홈페이지_ www.dalatpalace.vn
주소_ 2 Tran Phu, Phường 3 Đà Lạt
요금_ 더블룸 160달러~
전화_ +84-263-382-5444

뒤 파르크 호텔
Du Parc Hotel

달랏 팰리스 호텔 정면에 있는 3성급 호텔로 개장한 호텔로 프랑스풍의 건물 분위기는 펠리스호텔과 비슷하다. 하지만 3성급 호텔로 만들어져 내부에서는 차이가 보인다.

시내와 가까운 위치로 여행하기 편리한 위치에 있어서 인기가 높다. 베트남 사람들이 고풍스러운 분위기를 느끼면서 지내려고 할 때 선택을 한다.

홈페이지_ www.dalathotelduparc.com
주소_ 7 Tran Phu, Phường 3 Đà Lạt
요금_ 더블룸 52달러~
전화_ +84-263-382-5777

달랏 에덴제 레이크
리조트 & 스파
Dalat Edensee Lake Resort & Spa

뚜엔 람 호수Tuyen Lam Lake의 멋진 전망을
제공하는 호텔로 사업이나 가족여행자들
이 지내기 좋은 호텔이다. 시내에서 떨어
져 있지만 조용하게 지내고 싶은 관광객
이 주로 찾는다. 사업차 비즈니스 고객과
중요한 미팅이 있을 때도 좋다.

주소_ Thành phố Đà Lạt, Lâm Đồng
요금_ 더블룸 99달러~
전화_ +84-263-383-1515

RENT

TTC 호텔 프리미엄 응옥란
TTC Hotel Premium Ngoc Lan

달랏 한 가운데에 있는 부티크 호텔로 중앙 시장 근처에 있어 편의성이 높은 호텔이다. 특히 야시장을 즐기고 피곤해 숙소로 돌아가고 싶을 때 너무 편리하다. 쑤언 흐엉 호수Xuan Huong Lake를 볼 수 있어 서 아침에 일어나 호수를 보는 느낌은 상쾌하다. 또한 합리적인 가격에 직원들은 친절하여 더 머물고 싶어지는 호텔이다. 객실은 고급스럽고 스파, 헬스장, 고급 레스토랑 같은 시설이 갖추어져 있다.

홈페이지_ www.ttcpremiumngoclanhotel.vn
주소_ 42 Nguyen Chi Thành phố, Xuan Huong Lake
전화_ +84-063-838-8381

사이공 달랏 호텔
Saigon Dalat Hotel

달랏 야시장과 시내, 쑤언 흐엉 호수와 가까운 4성급 호텔로 160개의 룸이 있는 큰 대중적인 호텔이다. 위치가 좋고, 가격이 합리적이고, 직원들도 상당히 친절하여 인기 있는 호텔이다. 조용한 호텔 내에 테니스장, 헬스장, 수영장 등을 운영하고 있다. 다만 앤틱 분위기의 객실이 다소 어두워 보이는 단점이 있다.

홈페이지_ www.saigondalathotel.com
주소_ 180 3/2 Ba Thang Hai, Xuan Huong Lake
전화_ +84-263-3556-789

젠 밸리 달랏
Zen Valley Dalat

시내에서 떨어져 있지만 자연 속에서 머무르면서 조용하게 지내기 좋은 호텔이다. 가격이 합리적이고, 직원들도 상당히 친절하여 시내에서 떨어져 있는 데도 인기 있는 호텔이다.

객실과 방갈로를 제공하고 있어서 조용하게 지내면서 헬스장, 수영장 등을 이용할 수 있어서 고급 호텔에서 지내기 힘든 베트남 사람들이 고급스러운 분위기를 즐기기 위해 많이 찾는다.

주소_ 38 Khe Sanh
요금_ 더블룸 48달러~
전화_ +84-263-3577-277

베트남 도착 비자

베트남은 마지막 출국 일부터 30일이 지나고 15일 이내 체류일 경우 무비자로 입국할 수 있다. 이 경우가 아니면 비자가 있어야 입국할 수 있다. 베트남 비자에는 상용비자, 도착비자, 전자비자 등이 있다. 상용비자는 일반적으로 대사관을 통해서 발급받을 수 있지만 발급비용도 비싸고 소요기간도 7일 정도로 오래 걸린다. 도착비자는 사전 신청

베트남공항 비자사무실 앞

후 베트남 도착한 공항에서 발급받는다. 대부분, 대행업체를 통해서 신청하기 때문에 대행 수수료가 있다. 보통 18,000~70,000원까지 업체마다 가격이 다르다. 소요기간은 3일정도 걸리므로 사전에 출국하기 1주일 전에는 신청하는 것이 좋다.

공항에 도착하면 이민국 심사 받기 전에 도착비자를 먼저 발급받아야 하는데 비행기에서 내린 승객 중에 비자를 발급받으려는 관광객이 많으면 1시간까지 걸리기도 한다. 도착비자는 30일 이내는 $25의 추가 비용, 90일 복수 비자는 50$까지 현금으로 필요하다.

전자비자는 웹사이트에서 직접 신청하기 때문에 대행수수료가 들지 않는다. 다만 결제수수료 $0.96가 추가로 발생한다. 승인이 완료되면 비자승인서를 출력해서 가져가면 되는데, 간혹 비자 승인이 안 나는 경우도 있다. 승인이 거절되더라도 비자비용은 환불되지 않는다.

베트남비자가 필요한 경우

베트남은 무비자로 입국하여 15일까지 체류할 수 있다. 그러나 이후 30일 이내에 재입국 하려면 베트남 비자(초청장)가 반드시 필요하다. 또는 15일 이상 체류하고 싶다면, 외국 국적을 소지한 한국인이나 미국인, 캐나다인, 중국인, 호주인, 뉴질랜드인 등은 반드시 베트남 도착비자를 발급받아야 베트남입국이 가능하다.

베트남 도착비자는 사전에 미리 비자승인서를 받아 베트남 공항에서 비자를 발급 받는 방법으로 관광비자나 상용비자 등을 받을 수 있다. 관광 비자는 급할 경우 급행으로 긴급비자 발급을 받아 입국을 할 수 있다. 여행은 관광비자, 비지니스는 상용비자 발급하면 베트남 상용비자나 긴급비자 발급을 받을 수 있다.

항공권 리턴 티켓은 필요한가?

베트남은 항공기 리턴 티켓이나 다른 나라로 출국하는 증빙이 있어야 입국할 수 있다. 인천 공항에서 체크인할 때부터 리턴티켓이 있는지 물어보고 확인한다. 비자를 받았다면 항공권 리턴티켓이 없어도 입국할 수 있다. 베트남 각 도시의 공항 이민국 심사 때 비자를 제출하면 리턴티켓이 있는지 물어보지 않는다. 다만 모든 경우에 해당하지는 않을 수 있다. 만약의 경우를 대비해 항공권 리턴티켓을 당일 구매하는 것이 좋다.

신청 웹사이트 이동해 베트남 이민국에서 운영하는 https://evisa.xuatnhapcanh.gov.vn/en_US/web/guest/khai-thi-thuc-dien-tu/cap-thi-thuc-dien-tu 신청하면 된다.

사전 준비사항

1. 여권정보 사진과 여권사진 준비
2. 비자신청료는 $25, 결제수수료 $0.96까지 $25.96가 필요하다.
3. 결제는 카드로 해야 하므로 신용카드를 준비한다.

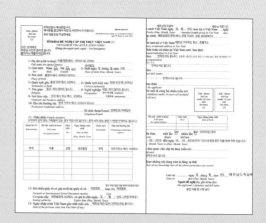

베트남 입국시 도착비자 받는 방법 / 준비물

1. 비자승인서(초청장) 출력 전에 영문명, 생년월일, 비자타입, 비자기간 등을 확인한다.
   본인 영문 이름 위에 비자기간이 있다.
   미확인 후 발생되는 책임은 본인에게 있다.

2. 이메일로 받은 비자승인서(초청장) 출력은 칼라, 흑백이 상관없으며 출력해 가거나 1페이지와 본인 영문이름이 있는 페이지를 출력해 간다.

3. 여권사진 2장 (1장은 제출 +1장은 여유분)이 필요하다.

4. 비자신청서는 베트남공항 비자사무실 앞에 구비되어 있다.
   출력 후 예시 문을 참고하여 작성해 가면 편리하다.
   베트남 비자발급 사무실 앞에서 작성 후 제출해도 된다.

5. 비행기 착륙 후 입국심사대에 가기 전, 위치한 (LANDING VISA) 펫말이 있는 곳에서 서류를 제출한다.

6. 비자발급 공항은 단수 25$, 복수 50$가 필요하다.

나트랑(Nha Trang)과 연계한 달랏(Dalat) 여행 방법

1. 주중 or 주말

달랏 여행도 일반적인 여행처럼 비수기와 성수기가 있고 요금도 차이가 난다. 7~8월, 12~2월의 성수기를 제외하면 항공과 숙박요금도 차이가 있다. 비수기나 주중에는 할인 혜택이 있어 저렴한 비용으로 조용하고 쾌적한 여행을 할 수 있다. 주말과 국경일을 비롯해 여름 성수기에는 항상 관광객으로 붐빈다. 황금연휴나 여름 휴가철 성수기에는 항공권이 매진되는 경우가 허다하다.

2. 여행기간

달랏 여행을 안 했다면 "달랏은 어디야?"라는 말을 할 수 있다. 하지만 일반적인 여행기간인 3박4일의 여행일정으로는 모자란 관광명소가 된 도시가 달랏이다. 달랏 여행은 대부분 6박7일이 많지만 달랏의 깊숙한 면까지 보고 싶다면 2주일 여행은 가야 한다.

3. 숙박

성수기가 아니라면 달랏의 숙박은 저렴하다. 숙박비는 저렴하고 가격에 비해 시설은 좋다. 주말이나 숙소는 예약이 완료된다. 특히 여름 성수기에는 숙박은 미리 예약을 해야 문제가 발생하지 않는다.

4. 어떻게 여행 계획을 짤까?

먼저 여행일정을 정하고 항공권과 숙박을 예약해야 한다. 여행기간을 정할 때 얼마 남지 않은 일정으로 계획하면 항공권과 숙박비는 비쌀 수밖에 없다. 특히 달랏처럼 뜨는 여행지는 항공료가 상승한다. 저가 항공이 취항하고 있으니 저가항공을 잘 활용한다. 숙박시설도 호스텔로 정하면 비용이 저렴하게 지낼 수 있다. 유심을 구입해 관광지를 모를 때 구글맵을 사용하면 쉽게 찾을 수 있다.

5. 식사

달랏 여행의 가장 큰 장점은 물가가 매우 저렴하다는 점이다. 그렇지만 고급 레스토랑은 달랏도 비싼 편이다. 한 끼 식사는 하루에 한번은 비싸더라도 제대로 식사를 하고 한번은 베트남 사람들처럼 저렴하게 한 끼 식사를 하면 적당하다.

시내의 관광지는 거의 걸어서 다닐 수 있기 때문에 투어비용은 도시를 벗어난 투어를 갈 때만 교통비가 추가된다.

베트남의 남부 지방인 달랏 여행에 대한 정보가 부족한 상황에서 어떻게 여행계획을 세울까? 라는 걱정은 누구나 가지고 있다. 하지만 베트남 남부 지방도 다른 나라를 여행하는 것과 동일하게 도시를 중심으로 여행을 한다고 생각하면 여행계획을 세우는 데에 큰 문제는 없을 것이다.

1. 먼저 지도를 보면서 입국하는 도시와 출국하는 도시를 항공권과 같이 연계하여 결정해야 한다. 패키지 상품은 달랏부터 여행을 시작하고 배낭 여행자는 베트남 전국 여행과 연계하기 위해 호치민에서 여행을 시작한다.

대부분의 패키지 상품은 저가항공을 주로 이용하므로 저녁 늦게 출발하여 새벽에 나트랑에 도착한다. 베트남은 세로로 긴 국토를 가진 나라이기 때문에 남부 지방에 집중적인 여행를 통해 호치민으로 입국을 한다면 남쪽에서 북쪽으로 올라가면서 베트남 여행을 하는 방법과 중부 지방인 다낭에서 시작해 나트랑으로 이동해 달랏과 무이네를 둘러보고 호치민으로 이동해 대한민국으로 돌아오는 루트가 만들어진다.

2. 곧바로 나트랑^{Nha Trang}이나 호치민^{Hochimin}으로 입국을 한다면 베트남의 어느 도시에서 돌아올 것인지를 판단해야 한다. 도시간의 이동은 대부분은 버스를 이용하지만 기차로 이동하려고 한다면 기차시간을 확인하고 이동해야 한다. 버스는 숙소로 픽업을 하여 버스까지 이동하므로 놓치는 상황이 발생하지 않지만 기차는 홀로 이동해야 하므로 놓치는 일이 종종 발생한다.

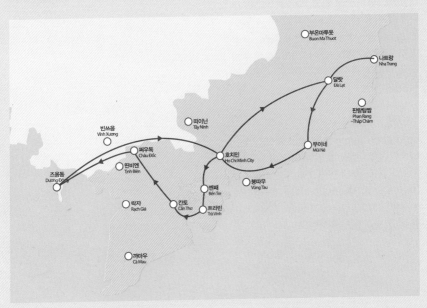

3. 입국 도시가 결정되었다면 여행기간을 결정해야 한다. 세로로 긴 베트남은 의외로 볼거리가 많아 여행기간이 길어질 수 있다.

4. 베트남의 각 도시 중에서 나트랑에 2일, 호치민에 1일 정도를 배정하고 IN/OUT을 결정하면 여행하는 코스는 쉽게 만들어진다. 뒤에 나와있는 추천여행일정을 활용하자.

5. 3박 5일~5박 7일 정도의 기간이 베트남 남부의 나트랑Nha Trang을 여행하는데 가장 기본적인 여행기간이다. 물론 15일 이내의 기간이라면 베트남 중부지방인 다낭, 호이안, 후에까지 볼 수 있지만 개인적인 여행기간이 있기 때문에 각자의 여행시간을 고려해 결정하면 된다.

나트랑(Nha Trang) 추천일정

나트랑Nha Trang, 달랏Dalat 코스

3박 5일 | 나트랑 – 달랏 – 나트랑
나트랑(Nha Trang) 입국, 숙소휴식(1일) → 나트랑 빈펄 랜드, 호핑 투어(2일) → 달랏(Dalat) 이동, 시내관광(타딴라 폭포, 크레이지 하우스/3일) → 나트랑(Nha Trang) 이동, 시내관광, 공항이동(4일) → 인천도착(5일)

4박 6일 | 나트랑 – 달랏 – 나트랑
나트랑(Nha Trang) 입국, 숙소휴식(1일) → 나트랑 빈펄 랜드, 호핑 투어(2일) → 달랏(Dalat) 이동, 시내관광(크레이지 하우스 / 3일) – 달랏 엑티비티(캐녀닝 등 엑티비티/4일) – 나트랑(Nha Trang) 이동, 시내관광, 공항이동(5일) – 인천도착(6일)

나트랑^{Nha Trang}, 무이네^{Mui Ne} 코스

3박 5일 | 나트랑 – 무이네 – 나트랑
나트랑(Nha Trang) 입국, 숙소휴식(1일)
– 나트랑 빈펄 랜드, 호핑 투어(2일) –
무이네(Mui Ne) 이동, 관광(화이트 샌듄,
레드 샌듄, 요정의 샘, 어촌마을/3일) –
무이네 해양스포츠(서핑, 카이트 서핑
평균 3일, 배우는 기간만큼 일정이 늘어
남/4일) – 나트랑(Nha Trang) 이동, 시내
관광, 공항이동(5일) – 인천도착(6일)

4박 6일~6박 8일 | 나트랑 – 무이네 – 나트랑
나트랑(Nha Trang) 입국, 숙소휴식(1일) – 나트랑 빈펄 랜드, 호핑 투어(2일) – 무이네(Mui
Ne) 이동, 관광(화이트 샌듄, 레드 샌듄, 요정의 샘, 어촌마을/3일) – 무이네 해양스포츠(서
핑, 카이트 서핑 평균 3일, 배우는 기간만큼 일정이 늘어남/4일) – 나트랑(Nha Trang) 이
동, 시내관광, 공항이동(5일) – 인천도착(6일)

나트랑^{Nha Trang}, 달랏^{Dalat}, 무이네^{Mui Ne} 코스

4박 6일 | 나트랑 – 달랏 – 무이네 – 나트랑
나트랑(Nha Trang) 입국, 숙소휴식(1일)
– 나트랑 빈펄 랜드, 호핑 투어(2일) –
달랏(Dalat) 이동, 시내관광(타딴라 폭포,
크레이지 하우스/3일) – 무이네(Mui Ne)
이동, 관광(화이트 샌듄, 레드 샌듄, 요
정의 샘, 어촌마을/4일) – 나트랑(Nha
Trang) 이동, 시내관광, 공항이동(5일) –
인천도착(6일)

5박 7일 | 나트랑 – 달랏 – 무이네 – 나트랑
나트랑(Nha Trang) 입국, 숙소휴식(1일) – 나트랑 빈펄 랜드, 호핑 투어(2일) – 달랏(Dalat)
이동, 시내관광(타딴라 폭포, 크레이지 하우스/3일) – 달랏 엑티비티(캐녀닝 등 엑티비티/4
일) – 무이네(Mui Ne) 이동, 관광(화이트 샌듄, 레드 샌듄, 요정의 샘, 어촌마을/5일) – 나트
랑(Nha Trang) 이동, 시내관광, 공항이동(6일) – 인천도착(7일)

나트랑^{Nha Trang}, 달랏^{Dalat}, 무이네^{Mui Ne}, 호치민^{Ho Chi Minh} 코스

3박 5일 | 나트랑 – 달랏 – 호치민

나트랑(Nha Trang) 입국, 숙소휴식(1일) – 나트랑 빈펄 랜드, 호핑 투어(2일) – 달랏(Dalat) 이동, 시내관광(타딴라 폭포, 크레이지 하우스/3일) – 호치민(Mui Ne) 이동, 시내관광(시청, 중앙우체국, 노트르담 성당, 벤탄시장), 공항이동(4일) – 인천도착(5일)

4박 6일 | 나트랑 – 달랏 – 호치민

나트랑(Nha Trang) 입국, 숙소휴식(1일) – 나트랑 빈펄 랜드, 호핑 투어(2일) – 나트랑 시내관광(3일) – 달랏(Dalat) 이동, 시내관광(타딴라 폭포, 크레이지 하우스/4일) – 호치민(Mui Ne) 이동, 시내관광(시청, 중앙우체국, 노트르담 성당, 벤탄시장), 공항이동(5일) – 인천도착(6일)

3박 5일 | 나트랑 – 무이네 – 호치민

나트랑(Nha Trang) 입국, 숙소휴식(1일) – 나트랑 빈펄 랜드, 호핑 투어(2일) – 무이네(Mui Ne) 이동, 관광(화이트 샌듄, 레드 샌듄, 요정의 샘, 어촌마을/3일) – 호치민(Mui Ne) 이동, 시내관광(시청, 중앙우체국, 노트르담 성당, 벤탄시장), 공항이동(4일) – 인천도착(5일)

4박 6일 | 나트랑 – 무이네 – 호치민

나트랑(Nha Trang) 입국, 숙소휴식(1일) – 나트랑 빈펄 랜드, 호핑 투어(2일) – 나트랑 시내관광(3일) – 무이네(Mui Ne) 이동, 관광(화이트 샌듄, 레드 샌듄, 요정의 샘, 어촌마을/4일) – 호치민(Mui Ne) 이동, 시내관광(시청, 중앙우체국, 노트르담 성당, 벤탄시장),

5박 7일 | 나트랑 – 달랏 – 무이네 – 호치민

나트랑(Nha Trang) 입국, 숙소휴식(1일)
– 나트랑 빈펄 랜드, 호핑 투어(2일) –
달랏(Dalat) 이동, 시내관광(타딴라 폭포,
크레이지 하우스/3일) – 달랏 엑티비티
(캐녀닝 등 엑티비티/4일) – 무이네(Mui
Ne) 이동, 관광(화이트 샌듄, 레드 샌듄,
요정의 샘, 어촌마을/5일) – 나트랑(Nha
Trang) 이동, 시내관광, 공항이동(6일) –
인천도착(7일)

7박 9일~9박 11일 | 나트랑 – 달랏 – 무이네 – 호치민

나트랑(Nha Trang) 입국, 숙소휴식(1일) – 나트랑 빈펄 랜드, 호핑 투어(2일) – 나트랑 시내
관광(3일) – 달랏(Dalat) 이동, 시내관광(타딴라 폭포, 크레이지 하우스/4일) – 달랏 엑티비
티(캐녀닝 등 엑티비티 /5일) – 무이네(Mui N) 이동, 관광(화이트 샌듄, 레드 샌듄, 요정의
샘, 어촌마을/6일) – 무이네 해양스포츠(서핑, 카이트 서핑 평균 3일, 배우는 기간만큼 일
정이 늘어남/7일) – 나트랑(Nha Trang) 이동, 시내관광, 공항이동(8일) – 인천도착(9일)

투명 인간(The invisible man)

살면서 투명 인간이 됐다는 느낌을 받을 때가 많았다.
내가 왜 존재하나 물음표가 많이 나오는데
—양 준 일 —

새들이 지저귀는 소리에 일어나는 것이 얼마만인가? 기억에도 남아 있지 않다. 매일 스마트폰이 알려주는 알람소리에 일어나면서 하루를 시작했다. 새들이 지저귀는 소리는 매일 기분 좋은 일만온 이니었다. 어떻게 새들이 성확한 시간에 지저귀는지 궁금해 하면서 짜증을 참을 때도 있었다.

눈을 떠서 맞는 새로운 나라에서 아침에 여행을 온 외국인도 살아가야 한다. 오랜 시간의 여행도 하나의 삶이기 때문이다. 인생도 내 마음대로 되는 것이 아니지만 여행도 모든 일이 바라는 대로만 흘러가는 날들은 아니기에 나에게는 작은 공간이지만 아침의 여유로운 특권이 기분을 충만하게 해준다.

아침을 먹고 나서 곧바로 침대에서 돌아앉아서 커튼을 걷고, 창문을 여니 많은 햇빛이 나의 침대에 쏟아진다. 일어나서 창문까지 걸어가는 것이 길고 멀게만 느껴질 때는 침대에서 꾸물거렸던 시간들이 후회스러울 때도 있지만 나를 따뜻하게 반겨주는 햇빛이 사랑스럽다. 여행을 하다보면 가끔씩 낯선 공간에서 '투명 인간'이 된 것 같은 때도 많다. 짧은 시간 동안 여기 저기 돌아다니면서 하루가 짧게 느껴지는 배낭여행이나 유럽 여행에서는 그런 시간적인 느낌이 느껴지지는 않는다. 하지만 호흡을 느리게 하면서 현지 문화를 체험하려고 할 때, 그들의 삶 속으로 들어가려고 할 때 투명 인간이 한동안 찾아온다. 그들은 아직 나를 받아들일 준비가 되지 않았고 나는 낯선 공간에 들어와 그들과 함께 무엇인가를 하려고 할 때 서로 어쩔 줄 몰라 하는 장면들은 여행자에게는 난감한 상황을 어떻게든 이겨내고 "나도 이곳의 한 사람이다!"라는 인상을 주어야 한다. 아니면 끝까지 투명 인간이 되어 다른 도시로 옮겨야 할 수도 있기 때문이다.

베트남에서 1년을 지내면서, 이곳의 풍경에 익숙해졌다. 창문을 열고 하얀 얇은 천의 레이스 커튼만 치고 바람에 흔들리는 커튼을 한참 소파에 앉아서 바라보았다. 구름의 움직임에 따라서 강해졌다 사라졌다 하는 햇빛, 그리고 살랑이는 레이스 커튼과 창문을 통해 들려오는 아이들의 깔깔거리는 소리가 나에게 충만하게 시작하지 않으면 안 될 것만큼 생기를 불어주었다.

어떤 이는 20년 정도를 대한민국에서 투명 인간으로 살아서 자신의 삶을 부정하면서 새롭게 살려고 노력했다는 데 나는 거기에 비하면 아무 것도 아닐 것이다. 하지만 여행이 가장 힘들 때는 투명 인간이 장기간 이어지는 것이다. 단지 아름다운 건축물과 자연을 보고 여행을 할 수만은 없다. 오감이 자신에게 들어오고 그 오감이 나에게 새로운 영감을 불어넣어줄 때 여행은 행복해진다.

로컬 커피숍에 도착하자마자 주문을 하고 그들이 만들어준 테이블에 끼어 앉는다. 아무리 이 시간이 되도 항상 여느 때처럼 붐빈다. 시끌벅적 사람들이 만드는 살아가는 이야기들과 커피 잔이 얹어지고 스푼이 얹어지는 소리들, 커피가루를 털어내는 소리, 그리고 베트남의 진한 커피가 내려지는 향이 풍겨온다. 앉을 겨를도 없이 안부를 묻고 지내 오던 이야기를 이어나간다. 그러면서 한 명씩 한 명씩 알아가는 맛에 나의 일을 자연스럽게 털어놓으면 모두가 진심으로 나를 걱정하고 함께 고민해주고 해결하려 노력하는 시간들이 이어진다.

놀랍게도 할머니가 위로해주는 이야기는 나의 외할머니가 해주었을 것 같은 말과 닮았다. 삶의 노련함이 들어가 있는 어르신들은 그냥 웃음만 지어도 그 살아온 삶이 저절로 나에게 믿음을 준다. 나는 아직도 투명 인간이 되지 않으려고 발버둥칠지도 모르지만 그들과 함께 서로에게 의지할 수 있는 친구가 되었을 때 암막이 걷힌 투명 인간에서 나와 그들과 함께 지낼 수 있다.

여행 베트남 필수회화

한국어	베트남어	발음
안녕하세요(만났을 때)	xin chào	씬 짜오
안녕하세요(헤어질 때)	tạm biệt	땀 비엣
감사합니다.	xin cám ơn	씬깜 언
여기로 가주세요. (택시를 탔을때)	cho tôi tới đây a	저 도이 더이 더이 아
여기를 어떻게 가죠? (지도나 주소를 보여주면서)	tôi đi tới đây như thế nào ạ?	도이 디 더이 다이 녀으 테 나오 아?
얼마예요?	bao nhiêu tiền vậy	바오 니에우 디엔 베이?
도와주세요	làm ơn giúp tôi với	람 언 춥 도이 베이!
방이 있나요?	còn phòng không vậy	건 퐁 콩 베이

■ 까페에서 : ～ 주세요(cho tôi (저 도이～))

한국어	베트남어	발음
얼음주세요	cho tôi đá	저 도이 다아
밀크커피 주세요	cho tôi cà phê sữa	저 도이 까 페 스어
블랙커피 주세요	cho tôi cà phê đen	도이 까 페 댄
망고쥬스 주세요	cho tôi nước xoài	자 도이 느억 서아이
야자수 주세요	cho tôi nước dừa	저 도이 느억 즈어
하노이 비어 주세요	cho tôi bia hà nội	저 도이 비어 하노이

■ 식당주문 : gọi món ăn

한국어	베트남어	발음
소고기 익은 쌀국수 주세요	cho tôi phở bò tái	저 도이 퍼 버 따이
소고기 설익은 쌀국수 주세요	cho tôi phở bò tái chín	저 도이 퍼 버 다이 진
닭고기 쌀국수 주세요	cho tôi phở gà	저 도이 퍼 카
분자 주세요	cho tôi bún chả	저 도이 분자
새우 튀김 주세요	cho tôi tôm rán	저 도이 덤 치엔 (란)
램 튀김 주세요	cho tôi nem rán	저 도이 냄 치엔 (란)
향채 빼주세요	không cho rau mùi vào	콩 저 자우 무이 바오
하노이 보드카 주세요	cho tôi rựu vô ka	저 도이 르어우 보드카

■ 핵심 회화

한국어	베트남어	발음
… 부탁합니다…	LÀM ƠN…	라암 언…
미안합니다	TÔI XIN LỖI	또이 씬 로이
다시 말씀해 주시겠어요?	LÀM ƠN NÓI LẠI LẦN NỮA.	라람 언 너이 라이 러언 느으억
천천히 말씀해 주세요	LÀM ƠN NÓI CHẬM CHO	라람 언 너이 자암 져
아니요.	KHÔNG PHẢI	커웅 파이
축하해요	XIN CHÚC MỪNG	씬 주웃 뭉
유감입니다	TÔI RẤT XIN LỖI	또이 러엇 씬 로이
괜찮아요.	KHÔNG SAO A	커웅 사오 아–
모르겠어요	TÔI KHÔNG BIẾT	또이 커웅 비엣
저는 그거 안좋아해요.	TÔI KHÔNG THÍCH CÁI ĐÓ	또이 커웅 팃 까이 더
저는 그거 좋아해요.	TÔI THÍCH CÁI ĐÓ	또이 팃 까이 더
천만에요.	KHÔNG CÓ GÌ	커웅 꺼 지
제가 알기로는…	TÔI HIỂU RẰNG…	또이 히에우 랑
제 생각에는…	TÔI NGHĨ RẰNG…	또이 응이 랑
확실해요?	CÓ CHẮC KHÔNG?	꺼– 자악 커웅?
이건 무슨 뜻이세요?	NÓ NGHĨA LÀ GÌ	너– 응이아 라 지?
이건 어떻게 읽어요?	TỪ NÀY PHÁT ÂM NHƯ THẾ NÀO?	뜨 나이 팍 암 느으 테 나오?
이것을 한국어로 써주실래요?	CÓ THỂ VIẾT LẠI CHO TÔI TIẾNG HÀN KHÔNG?	꺼– 티에 벳 라이 져 또이 띤 한 커웅?
아니요.틀렸어요.	KHÔNG. SAI RỒI	커웅. 사이 로이
맞아요.	ĐÚNG RỒI	더웅 로이
문제 없어요.	KHÔNG CÓ VẤN ĐỀ	커웅 꺼– 버언 데
도와주세요.	GIÚP TÔI VỚI	즈읍 또이 버이
누가요?	AI VẬY?	아이 바이?
얼마에요?	BAO NHIÊU VẬY?	바오 니에우 바이?
왜 안돼요?	SAO KHÔNG ĐƯỢC?	사우 커웅 드으윽?
어떤거요?	CÁI NÀO?	까이 나오?
어디요?	Ở ĐÂU?	어 더우?
언제요?	KHI NÀO?	카– 나오?
자실있어요?	CÓ TỰ TIN KHÔNG?	꺼– 뜨으 띤 커웅?
잊지 마세요.	XIN ĐỪNG QUÊN.	씬 드응 구엔.
실례합니다.	XIN PHÉP	씬 팹
몸 조심하세요.	GIỮ GÌN SỨC KHỎE	즈으 진– 슷 쾌–에
여기는 뭐가 맛있어요?	Ở ĐÂY CÓ MÓN GÌ NGON?	어 다이 꺼– 머언 지 응어언 ?
…도 같이 할게요..	TÔI MUỐN ĂN NÓ KÈM VỚI..	또이 무온 안 너– 깸 버이…
계산서를 주세요.	LÀM ƠN CHO TÔI HÓA ĐƠN	라암 언 져 또이 화– 던
감사합니다.	XIN CÁM ƠN.	씬 깜– 언.

여행에서 사용하는 베트남어 단어

한국어	베트남어	발음
공항	sân bay	서언 바이
비행기	máy bay	마이 바이
짐	hành lý	하잉 리이
비행시간	thời gian bay	터이 쟈안 바이
입국	nhập cảnh	납 까잉
출국	xuất cảnh	쑤앗 까잉
입국신고서	tờ khai nhập cảnh	떠어 카이 납 까잉
출국신고서	tờ khai xuất cảnh	떠어 카이 쏘앗 까잉
여권	hộ chiếu	호 지에우
비자	visa: thị thực	비자 :티이특
체류목적	mục đích cư trú	목 디있 그 쯔우
입국심사	thẩm tra nhập cảnh	타암 쨔 납 까안
공항세관	hải quan sân bay	히이 관 서언 바이
세관신고	khai báo hải quan	카이 바오 하이 관
짐을찾다	tìm hành lý	디임 하잉 리–
환전하다	đổi tiền	도오이 디엔
쇼핑가게	cửa hàng mua sắm	끄어 항 무어 사암
사다	mua	무어
가게	cửa hàng	끄어 항–
잡화점	cửa hàng tạp hóa	끄어 항 다압 화
매점	căn tin	가앙 띤
교환	đổi	도오이
값:가격	giá tiền	쟈아 디엔
기념품	quà lưu niệm	구와 르우 니임
선물	quà	구와
특산물	đặc sản	다악 사안

한국어	베트남어	발음
치약	kem đánh răng	갬 다잉 랑
칫솔	bàn chảy đánh răng	반 쟈이 다잉 랑
담배	thuốc lá	투옥 라–
음료수	nước giải khát	느윽 쟈이 카악
술	rượu	르어우
맥주	bia	비아
안주	đồ nhắm	도– 냠
구경하다	tham quan	타암 관
식당	quán ăn	과안 안
아침식사	ăn cơm sáng	안 껌 사앙
점심식사	ăn cơm trưa	안 껌 쯔어
저녁식사	ăn cơm tối	안 껌 또우이
후식	ăn tráng miệng	안 쟈양 미엥
주식	món ăn chính	모언 안 지잉
음식	món ăn	모언 안
메뉴	thực đơn	특 던
밥	cơm	껌
국	canh	까잉
고기	thịt	티잇
소고기	thịt bò	티잇 버–
돼지고기	thịt heo	티잇 해오
닭고기	thịt gà	티잇 가아
생선	cá	까아
계란	trứng gà	쯔응 가–아
야채	rau	라우
소주	rượu	르어우
양주	rượu thuốc	르어우 투옥
쥬스	nước ngot	느윽 응엇
콜라	côcacôla	고 까 고 라

조대현

63개국, 298개 도시 이상을 여행하면서 강의와 여행 컨설팅, 잡지 등의 칼럼을 쓰고 있다. KBS 토크 콘서트 화통, MBC TV 특강 2회 출연(새로운 나를 찾아가는 여행, 자녀와 함께 하는 여행)과 꽃보다 청춘 아이슬란드에 아이슬란드 링로드가 나오면서 인기를 얻었고, 다양한 여행 강의로 인기를 높이고 있으며 '트래블로그' 여행시리즈를 집필하고 있다. 저서로 블라디보스토크, 크로아티아, 모로코, 나트랑, 푸꾸옥, 아이슬란드, 가고시마, 몰타, 오스트리아, 족자카르타 등이 출간되었고 북유럽, 독일, 이탈리아 등이 발간될 예정이다.

폴라 http://naver.me/xPEdID2t

트래
블로그

달랏

초판 1쇄 인쇄 I 2020년 1월 20일
초판 1쇄 발행 I 2020년 1월 30일

글 I 조대현
사진 I 조대현(특별 사진 제공 : 김동혁)
펴낸곳 I 나우출판사
편집 · 교정 I 박수미
디자인 I 서희정

주소 I 서울시 중랑구 용마산로 669
이메일 I nowpublisher@gmail.com

979-11-89553-76-0 (13980)

※ 일러두기 : 본 도서의 지명은 현지인의 발음에 의거하여 표기하였습니다.